小宅空間規劃術

規劃術

9坪—25坪，風格、機能一次到位的小宅裝修

CONTENTS

CONTENTS

Part 2
小家幸福味，微型空間的理想生活

Case

附錄

小家新觀念
這樣想再小也好住

Part 1

你該知道的小家新觀念！

圖片提供 • 甘納空間設計

觀念 1 櫃子不用做到滿也夠收

　　為了解決居家收納問題，在坪數小的空間裡，多數人選擇向上發展，櫃子愈做愈高，藉此爭取到更多收納空間；然而在原本就狹隘的空間裡，收納櫃全部做到齊天花板，只會讓人有迎面而來的壓迫感，如果又是整面的櫃牆設計，更會讓人強烈感到空間的侷促與狹窄。

適當高度才會更好收

　　其實櫥櫃方便收放的高度，一般來說以略高於一般人身高高度為佳，做滿甚至做到頂天，反而容易因為不便於收納而減少使用次數，空間原本就寸土寸金的小坪數居家，應該避免規劃太多不實用，又帶來沉重感的頂天高櫃，相反

地做出適度留白，可舒緩高櫃帶來的壓迫感，也可減少材料、金錢的浪費。

新的收納思維換來舒適生活

　　收納不足問題，可選擇向下發展，利用坐榻、架高和室、床架等高度，以上掀或者拉抽式設計規劃出收納空間，或者將收納打散，規劃在各個空間裡，如此不但不需大量櫃設計，使用上貼近生活習慣，也可有效達到確實收納。規劃整面櫃牆時，建議可融入牆面設計，藉此創造空間視覺焦點，淡化櫃體存在感進而消弭收納感，為小坪數居家注入更多迷人風格。

觀念
2

打破房數迷思，享受小宅大空間

不論買房還是裝潢，所謂的房數一直是多數人關注的重點，因此裝潢時，有些人甚至希望能隔出更多房，然而在單純考慮房數的同時，卻經常忽略與實際坪數相對應，尤其是小坪數空間，硬是隔成三房以上的格局，勢必會壓縮到公共區域，或者是臥房變得超小只夠放一張床，如此一來，房數雖然增加，但公共空間和臥房，卻會因過於狹隘而缺少舒適感；不合理的房數格局，更讓空間變得零碎、缺乏完整性，容易形成難以使用的畸零地或者廊道，過多實牆隔間甚至會帶來壓迫感、影響採光。

房數對應坪數的合理規劃

不管坪數大小，尤其是小坪數空間，在進行格局規劃時，應該要將房數對應坪數，一般單人房平均最小至少要有 2.5 坪，這樣的大小才足以擺放床、衣櫥等基本家具，同時留出行走空間，以此類推便可簡單計算出房數所需坪數，然後再對照總坪數，做出合理的規劃。若擔心隔牆影響到空間感，或者必須隔出一定房數，建議可採用玻璃或者拉門等取代實牆，玻璃具穿透特性，有延伸視覺放大空間效果，拉門設計則有如活動牆面，可收可放讓空間更靈活。

觀念 3　擺脫制式，空間不只一種用法

　　坪數小，空間機能一樣都不能少，因此在空間格局規劃上，更需要創意來補足空間的不足。由於需具備多種機能，一般常見的制式格局安排並無法滿足小坪數居家空間，因此在進行格局規劃時，可跳脫一般房廳安排，以符合平時生活方式與習慣做為設計方向。

機能整合讓空間有更多可能

　　大坪數空間可依不同機能各自規劃出獨立空間，但小坪數在具備空間機能的同時仍要維持必要的開闊感，因此建議可將公共區域採開放式設計，改變過去一個空間只有單一功能的方式，藉由機能整合讓空間可以有更多、更有趣的用法，例如：廚房與餐廚整合，餐桌與中島功能結合，達到節省空間與多重機能目的，較不需隱密性的書房可融入客廳區域，簡單以半牆或者書桌做分界，書牆可兼具書房與客廳的主要收納，同時又是空間端景牆，又或者客房、小孩房採用拉門、折門設計，隨時因應空間需求，做出多重變化。

　　無法變大，但藉由格局的巧思變化，可以讓空間有多種用法與可能性，在擁有各種機能又享受寬敞空間感的同時，生活也能更加自在、舒適。

圖片提供 • 十一日晴空間設計

空間小，動線規劃更重要

　　一般人以為坪數小，空間距離短就沒有動線問題，但相反地在每坪空間都不能輕易浪費的小坪數裡，動線規劃反而更加重要，對的動線規劃，讓空間可以更有效被利用，也有助於使用時的順暢度，錯誤的動線規劃，則容易造成過多浪費空間的廊道、過渡空間，而且會因為動線曲折，導致行走不順暢，連帶地讓空間變得難以使用。

融入格局規劃，生活動線更自由

　　小坪數動線的規劃，不只需從生活方式與習慣做考量，也應融入空間格局規劃，一般來說，空間大致可劃分成公領域與私領域，兩個空間的動線建議做出明確區隔，避免公私領域動線重疊，導致空間難以規劃，像是經常發生在臥房房門開口位置不佳，以至於難以安排客廳沙發或電視牆的問題，且須預留走道動線，空間因此造成浪費。

　　公共區域的動線規劃，則可以採取開放式格局來進行空間串聯，將餐廚、客廳、書房等機能做整合，藉此避免空間因為過多切割變得零碎，也能減少廊道，進而增加可使用空間。空間的動線會呈現出家的樣貌，因此做好、做對動線設計，不只讓空間更好用，同時也有聚集家人增加彼此親密互動的功能。

圖片提供 • 實適空間設計

有了自然光，不管坪數大小，住起來都舒適

一般最常見小坪數的缺點就是只有單面採光，由於採光單一面向，最容易造成部份採光不易產生陰暗角落，或者是採光面因格局規劃而被切割，造成即便空間有採光，卻因採光面過小無法大量引入光線。

減少阻礙引入溫暖自然光線

小坪數採光面一般來說，大多會落在主要公共區域，此時為了維持最佳採光效果，應盡量減少高櫃設計，空間格局也盡量減少以實牆做隔間，可以改成具穿透特性材質或者可靈活開闔的彈性隔間做取代。鄰近空間若是廚房或客房，可以選擇拆除隔牆以開放式格局做規劃，藉此可加大採光面，讓光線可以不受阻礙穿透至每個角落。

反射效果延長光線

如果採光仍然不足，或者屋型過長光線無法到達，也可以透過具反射特性的建材來幫助光線抵達缺少採光的空間，像是鏡面材質或者牆面漆上淺色，都有助光線反射，減少狹隘、陰暗的空間印象。光線除了可解決陰暗問題，還可讓視線從窗戶向外延伸，達到拉闊空間效果，而且足夠的光線也能提昇空間溫度，營造出讓人放鬆、舒適的居家氛圍。

圖片提供・實適空間設計

觀念 6

爭取垂直高度，誰說一定要做天花板

進行居家裝潢時，為了視覺上的美觀，不想露出天花樑杆，會選擇以木作天花來做遮掩，但是卻也因此犧牲了屋高。在小坪數居家空間寬度不足的狀況下，若是垂直高度又過低，那麼不只會讓人感覺到空間狹隘，甚至還會產生壓迫感。

利用垂直高度拉闊空間感

為了拉闊小坪數空間感，同時化解狹猄感受，小空間應先視原來屋高狀況再來決定是否進行木作天花施作，因為木作天花主要還是美化功能居多，如果是一般屋高，不建議單純為了視覺美觀犧牲垂直高度，因為過低的天花板會壓縮空間讓人感到壓迫。

若是擔心燈具安裝問題，可以選擇採用吊燈或者軌道燈，不影響視覺美感，甚至還可採用外觀美型的燈具增添空間氛圍，軌道燈更可視需求隨時移動光源，是方便又 CP 值高的選擇，或者也可學習近幾年流行的工業風，刻意露出收齊的管線，成為空間有趣的視覺焦點。至於樑柱問題，則可以透過牆面漆色安排，轉移視覺焦點，或是讓樑柱成為空間界定的界線，有效虛化樑柱存在感。

15

Point
01
格局規劃

空間格局的規劃，不只關係到居住舒適度，
對於空間的坪效發揮也有一定影響。
因此坪數愈是小，愈需要做對格局規劃，
讓每寸空間都能發揮到最極致，減少空間的閒置、浪費，
進一步達到淡化小空間的狹隘感，
創造超越原始坪數的寬闊感與舒適。

圖片提供 • 構設計

穿透隔間

通透材質讓視線延伸、放大空間感

設計 關鍵		
	Key 1	選用玻璃做為隔間材，厚度至少要選擇10mm規格，同時必須經過強化膠合處理，才能符合基本安全與強度需求。
	Key 2	落地玻璃隔間，須在天花板、地坪預留溝槽，之後再將玻璃嵌入溝槽固定，確保安全與穩固性。
	Key 3	玻璃隔間拉門常見有鋁框、鐵件烤漆、木框，其中以鐵件烤漆費用較高，鋁框價格平實，且可營造輕巧俐落的視覺效果。

在坪數有限的情況下，如果再將空間劃分得過於零碎，反而會產生更狹小、壓迫的感覺，因此小空間最簡單、快速營造寬敞感受的做法就是穿透式隔間！

藉由具備透光性的材質特性，創造視線延伸效果，進而讓空間產生開闊放大感，通常多運用於公共廳區，像是書房或是廚房隔間以清玻璃拉門取代，另外像是主臥衛浴也可搭配局部玻璃隔間，在通透效果之下又能達到空間的界定與劃分。

除此之外，這類穿透性高的材質，如清玻璃、玻璃磚、壓花玻璃等等，具備的透視性無形中也能減輕立面重量，加上因為光線的穿透，就能化解空間的壓迫與侷促。若有隱私性考量，也可以採用具有透光不透視特性的材質，如夾紗玻璃、霧面玻璃、白膜玻璃等，或是加裝百葉簾、捲簾靈活調整，在保有光線的前提下，也能兼顧到私密性。

材質

｜清玻璃｜

$ 約 NT. 50～130 元不等／才
● 根據厚度差異

清玻璃透光性最好，且價錢最便宜，是穿透隔間最常使用的材料，可單獨施作為隔間牆，也可以結合鐵件、鋁框變成彈性拉門，清玻璃厚度包括 3、5、8、10mm，一般作為隔間厚度需約 10mm 左右，厚度愈厚價錢自然愈高；另外由於玻璃的原料當中含鐵，因此清玻璃並非純透明，而會帶有些微綠光。

圖片提供 ● 十一日晴空間設計

| 玻璃磚 |

$ 約NT. 200～1000元不等／片
* 根據產地、品牌差異

為兩塊各約1公分的玻璃製作而成，中間約莫有6公分的中空，具高透光性、隔熱、防火、隔音、節能環保等特色，顏色造型選擇相當多元，最普遍的是透明無色，另外也有立體格紋、水波紋、氣泡等花紋，且玻璃磚運用範圍十分廣泛，除了室內隔間，窗戶、廊道、甚至是建築外牆都可使用，如果是用在隔間，以19×19×8公分的尺寸最為普遍。

圖片提供 • 十一日晴空間設計

| 壓花玻璃 |

$ 約NT. 150～250元不等／才
* 根據厚度、花紋差異

藉由圖案及厚度差異可產生不同光影變化，並且具有透光不透視特性，最常見壓花玻璃包括線條感的長虹玻璃、有如水波散開的銀波玻璃、以及點狀排列的珠光玻璃，這幾年在復古風潮影響下，也帶動壓花玻璃的使用，運用為隔間具有裝飾性效果，穿透後的光線也比清玻璃柔和許多。

圖片提供 • 甘納設計

施工

| 無框玻璃隔間 |

施工 確認玻璃尺寸 ▶ 玻璃切割 ▶ 強化及其它加工 ▶ 施作溝槽 ▶ 玻璃嵌入溝槽 ▶ 水平校對、確認平整度 ▶ 溝槽、玻璃縫施打矽利康 ▶ 安裝把手

玻璃隔間施作之前，必須先針對空間訂製玻璃規格，並且預先在工廠進行強化、鑽孔、導角等加工流程，接著送至施工現場確認安裝的位置、再次確認尺寸無誤，並於天花板施作溝槽，將玻璃嵌入後以矽利康固定收邊。

玻璃磚牆

施工 **根據施作面積與選用的尺寸進行玻璃磚數量統計 ▶ 依照玻璃磚寬度施作基礎底角 ▶ 採用十字縫立磚砌法**

玻璃磚施作屬於泥作工程，若施作面積太大，必須以鋼樑固定，小面積隔間則可直接砌磚，由下而上依序堆砌，最後再填縫即可完成。

計價
方式

玻璃隔間計價以玻璃材質種類而定，強化、導角、鑽孔等加工皆要另外加價，其它包括鐵件烤漆、鋁框、木框等框架也是單獨計價。

空間
應用

明確做出分界又保留穿透感

在玄關位置便將公共區域一覽無遺，尤其是一進門即看見餐廳的格局，難免讓人感到缺乏隱私也很難放鬆用餐，因此採用格窗屏風設計做出內外分界，格窗間錯拼貼清玻與長虹玻璃，以因應空間光線穿透但視線不穿透的需求，也在單一材質中做出變化與趣味。圖片提供 ● 法蘭德室內設計

材質混搭豐富視覺與穿透感

緊鄰餐廳的書房，隔間選擇玻璃拉門設計，並且以清玻璃、裂紋玻璃搭配組合，既可以保有視線、光線的穿透與延伸，裂紋玻璃透光不透視的特性，讓書房未來也能彈性變成小孩房使用。圖片提供 • 實適空間設計

以虛實手法化解小空間難題

只有 10 坪的迷你空間若再以實牆做隔間，反而會變得太過狹隘侷促，因此選用清玻滑門取代實牆隔間，化解整面實牆的沉重壓迫感，同時又藉由視覺穿透延展空間尺度，讓小空間也有開闊感受。圖片提供 ● 構設計

借助材質特性引光入室

當空間面臨毫無自然採光的情況下，穿透隔間是最好的解決方式，客廳旁的主臥便利用長虹玻璃構築隔間，借取廳區的光線，同時又能保有私密性，與鐵件框架的線條分割設計，無形中也成為空間的裝飾。圖片提供 ● 謐空間研究室

圖片提供 • 十一日晴空間設計

半隔間

界定空間維持開闊視覺感

Key 1 倘若半高隔間牆不僅僅是隔間、更具備如電視牆的功能，那麼電線就必須調整在木作隔間裡面，避免破壞設計美感。

Key 2 半高牆並非只能是隔間牆，利用挖空方式也能增加收納、展示空間，瞬間提升小房子的生活機能。

Key 3 半牆隔間若需結合玻璃格窗，在施作時必須一併預埋，過程也要特別確實並且核對是否有偏移情況，避免無法密合。

高房價時代來臨，一般上班族能買到的坪數有限，但內心又希望空間能大一點，尤其傳統隔間是愈多房愈好的概念，但是過多隔間只會帶來壓迫感，光線也因此被實牆阻擋。其實小宅規劃只要掌握隔間設計，就能讓視野更加寬敞。

　　除了全開放或穿透式隔間，當空間需要適時地區隔又想要獲得放大，半隔間設計就可以達到兩者兼顧的效果，既不影響彩光、視覺，也可發揮隔間作用。

　　而半隔間做法也相當多元，例如場域之間選擇以木作半牆面區隔，半牆上端也能依據需求彈性結合玻璃材質，讓空間的獨立性更鮮明，有些半牆的後方也會整合書桌，圍塑出書房機能，又或者是直接利用木作櫃體設計腰櫃、高櫃，優點是還可以整合空間所需的機能，如一面是電視牆、另一面為餐櫃；抑或是電視牆的另一側結合鞋櫃等等，這類未及頂的櫃體既達到空間場域的劃分，卻又能保有視線的穿透延伸，並創造豐富的機能。

- -

設計
原則

│ 木作貼皮／烤漆 │

$ 木作牆約 NT.1,800 ～ 2,000 元／尺
美耐板貼皮 NT.1,000 ～ 6,000 元／尺
烤漆 NT.1,500 ／尺

半牆隔間是最常見的作法，利用約90公分高度的牆面劃分兩個空間，木作牆面的表面處理方式也有很多種選擇，貼飾木皮可以呈現溫潤氛圍；白色烤漆帶來簡約俐落的效果、增加線板就能營造美式風格，甚至也可以在檯面上預留內嵌燈光，增加空間氣氛。

圖片提供 ● 構設計

圖片提供・日作空間設計

木作櫃體

$ 腰櫃約 NT. 4,500 ～ 6,500 元／尺 ・60～100 公分腰櫃
高櫃約 NT. 7,000 ～ 9,000 元／尺 ・100公分以上高櫃

半高櫃體多半採取 60 ～ 100 公分的腰櫃形式區隔空間，但若希望阻隔性能更為強烈，也可提高至約莫 200 公分的尺度，櫃體立面可使用的材料包括刷飾塗料、貼皮、抑或是仿清水膜工法等等，也能運用不同材質混搭創造豐富的表情。

施工

半高牆

施工 丈量牆面的長、寬尺寸 ▶ 雷射水平儀做記號 ▶ 下角料做出框架 ▶ 封板 ▶ 覆蓋表面材

木作半高的牆面會先丈量需要的尺寸大小，再用雷射水平儀抓直線，當作角料固定依據，接著選用 1 吋 8 的角材施作框架結構，框架釘好之後再封板就可以完成，最後再依據貼皮或是噴漆等做後續處理，不過要注意的是，如果半高牆要設置插座，記得框架跟夾板都要先預留開口。

木作櫃體

施工 將板材裁切需要的寬度和長度 ▶ 板材作記號，利於固定 ▶ 組裝木櫃 ▶ 層板、抽屜 ▶ 合門片 ▶ 固定櫃體

按照櫃體的尺寸裁切板材的長度寬度，接著以釘槍將板材組裝起來，框架完成之後就能進行層板、抽屜、後背板、門片的組裝與固定，最後確認牆面、地面與櫃體的水平緊密之後，就能以蚊子針固定。

計價方式

不論是木作隔間或是木作櫃體打造的半隔間形式皆根據規格大小以尺計價，且覆蓋於表面的任何材質，如塗料、烤漆、貼皮、石材等都是另外計費。

機能整合創造開闊空間

面對狹小的住宅空間，若是豎立電視牆只會感覺更加擁
擠，設計師利用旋轉電視牆作為半隔間的概念，除了隱
約達到界定空間效果，也提供客餐廳觀賞電視機能，設
備線路則沿著地面連接隱藏於另一側櫃體，讓表面看起
來乾淨、俐落。圖片提供 ● 謐空間研究室

櫃牆結合滿足多重需求

整面實牆隔間,勢必會造成空間強烈狹隘與壓迫感,選擇以半牆結合清透玻璃做空間區隔,讓視線透過清玻延展,有效改善空間陝小侷促感,半面實牆不只有隔牆功能,將面向客廳的一面規劃成電視牆,滿足客廳電視牆需求。圖片提供 ● 構設計

改變思維化解坪數困境

玄關一進門就一眼望穿公共廳區,但又擔心大量櫃體、隔間造成壓迫感,因此運用210公分高的雙面櫃體作為劃分,既是隔間也能讓光線恣意遊走,又兼具各種收納機能,相較各式櫃體的規劃,反而能提升小房子的使用坪效。圖片提供 ● 謐空間研究室

結合牆與櫃體型塑空間輕盈感

雖然大面積採用白色有降低量體壓迫感，但過多牆面、
櫃體不只視覺看來單調，難免產生封閉感，因此在臥室
衛浴採半牆結合玻璃材質設計，變化空間單調元素，並
藉由視覺延伸，淡化封閉空間感，面窗光線也可順利引
入浴室打亮衛浴空間。圖片提供 ● 實適空間設計

地坪分界

隱形隔間讓小房變大房

設計
關鍵

Key 1 異材質地坪相拼貼的情況下，要注意不同材質完成面的高度是否一致。

Key 2 不同材質施作有先後順序問題，如果是木地板混搭大理石、磚材、水泥粉光地坪，木地板為最後進行項目。

Key 3 小空間建議不超過兩種以上地坪材質拼貼，避免造成視覺混亂，反而有壓縮空間的感覺。

開放格局規劃，是小坪數變大空間最直接也最有效的手法，然而全然開放之下又該如何界定不同區域、機能？利用異材質混搭的地坪，就是最佳無形的隱性界定，同時又能透過不同地坪的拼接設計，例如利用磚材、盤多魔地板拼出如地毯般的效果，為空間創造豐富的視覺感。而除了材質的差異性之外，地板的高低落差運用，也能達到虛化界定隔間的意義。

異材質地坪拼貼通常出現於玄關與公共廳區交界，讓空間產生由小變大的延伸感，一方面也可以利用低於廳區地坪2公分左右的落差高度，區隔出落塵區，另外像是廚房因為有油漬、用水問題，多半會選用方便清潔的磚材鋪設與客餐廳做出劃分。

地板的高低落差最常運用在小孩房、書房等區域，只要些微架高約10公分左右，即可達到自然明確的空間分野，若將高度提高至15～20公分，還能規劃成收納空間，為小宅增加收納機能。

材質

│ 磚材 │

$ 約 NT. 1,500～8,000 元不等／坪
• 根據種類、產地差異

磚材根據原料成分、釉料以及窯燒方式與技術不同，具有多樣化的款式可選擇，除了最普遍的拋光石英磚，近來花磚、木紋磚、仿清水模磁磚也深受喜愛，尤其木紋磚擬真技術相當成熟，木紋、刻痕與原木幾乎難分真偽，防水、耐磨、清潔保養更大勝木地板，至於花磚藉由豐富的圖騰，以局部拼貼即可創造獨有的個性與裝飾效果。

圖片提供 • 思謬空間設計

| 石材 |

$ 約 NT. 300 ～ 1,200 元不等／才
● 根據種類差異

石材是長久風化形成的天然礦物，居家空間最常使用的石材為大理石、花崗石，大理石具有天然石頭紋理，色澤、底色較為柔和，可作為營造尊貴大器之姿，花崗石色澤不如大理石來得美觀且價格昂貴，然而硬度高、耐候性強，適用於戶外。石材因具天然毛細孔，建議可做防護處理，並定期拋光、打磨即可維持光亮。

| 木地板 |

$ 約 NT. 3,500 ～ 8,000 元不等／坪
● 根據種類、品牌差異

木地板種類包括實木地板、海島型木地板、超耐磨木地板，實木地板易有熱脹冷縮、清潔不易問題，海島型木地板雖然沒有變形問題，又保留實木溫潤質感，但價格略高，超耐磨木地板是目前居家裝修最普遍的木地板選擇，具有環保、耐刮、耐磨的優點，加上花色種類多，表面處理更可呈現刷白、深刻木節紋理等，可依據不同風格空間挑選適合的樣式。

施工

| 木地板×磚材 |

施工 　鋪設磚材 ▶ 拼貼木地板 ▶ 收邊

磚材和木地板混用，最常見運用於地坪分界，磁磚屬泥作工程，多採半乾濕式做法，附著性高較不易有空心、翹曲情況發生，待磚材工程完成後，再依據高度進行木地板工程，如此才能確保地面高度一致且平整。

計價方式

任何異材質的地坪拼接，皆是以建材費用加上施作費用，若選用石材地坪，則會衍生如防護、切割等加工費用；架高木地板費用則會比平鋪多出約 NT. 1,500 ～ 2,000 元／坪。

展現異材混用的和諧一致

公共廳區選擇鋪設寬版木地板，減少溝縫展
現空間氣度，玄關區域則選用仿清水模石英
磚做出落塵區隔，一方面也與餐廳的水泥吊
燈質感相互呼應，材質上亦有分界緩衝效果。
圖片提供 • 十一日晴空間設計

不只分界還有拉寬空間作用

不到 10 坪的小坪數住宅，玄關、餐廚選擇鋪
設地磚，與客廳的超耐磨木地板形成分界，
除了作為空間界定外，亦兼顧到後續清潔、
保養問題，同時也藉由水平象限的延展，拉
寬了空間尺度。圖片提供 • 謐空間設計

Layout **2** 隨時轉換
生活情境的移動牆

圖片提供 • 十一日晴空間設計

拉門 / 折疊門

省空間好方便,可開放可獨立的彈性隔間

設計關鍵	

Key 1 連動式拉門的固定包括懸吊式、落地式,懸吊式軌道施作可藏於天花板內,落地式拉門則是天花板、地面都會有軌道,施作之前也要注意地面的水平。

Key 2 以連動式拉門為隔間建議寬度不要低於 180 公分,否則反而失去連動意義,另外也要預留收納門片空間,避免影響整體美觀與使用。

Key 3 折門一扇寬度可約 30 ～ 100 公分,單門片寬度以 60 ～ 80 公分為最佳,門片寬度愈短折數愈多所需的收納空間愈多,門片太長則推拉時不易施力。

小坪數空間一旦隔間多，就會顯得更狹窄、更小，但若是不希望空間太過於開放，且保有適當的區隔，折疊門與拉門是最好運用的彈性隔間選擇。相較傳統門片需要側身、預留門片旋轉半徑，橫拉門為左右橫向移動開啟，而且可以根據需求變化獨立或開放格局，同時藉由不同的拉門材質，打造出兼具隱密性、保持視線穿透、開闊空間等效果。

然而拉門即便可達到穿透延伸空間的效果，但使用時往側邊一收，還是無法達到完全開放的特性，而以多扇門片構成的折疊門，收折後門片堆疊可推移至側邊，較不佔據空間，規劃於室內可創造通透開闊的視覺效果，也很適合運用在陽台，少了玻璃的隔閡，打破室內外界線，空氣對流也更好，有需要時又能各自獨立。橫拉門、折疊門的材質、形式變化相當多元，常見鋁框玻璃、鐵框玻璃、木框玻璃、全木質，鋁框的重量感輕盈，鐵件則常見於現代、工業風或是較具個性感的氛圍調性。若講求隱私感或想遮掩凌亂，則可改為霧面玻璃、毛玻璃，另外例如客廳、書房之間如果以拉門為隔間，甚至還能將門片結合電視，增加使用機能。倘若為私領域的小孩房、主臥想採用橫拉門，則建議選用木作拉門，平常可開啟讓視線延伸放大，回歸至睡寢時間時又能保有隱私。

- -

材質

｜鋁框玻璃拉門｜

鋁框玻璃拉門的鋁框寬度為 2 ～ 5 公分之間不等，視覺上比木作、鐵件拉門更為輕量化也較為俐落，不過樣式變化較鐵件少，優點是可無須施作下軌道，一般建議使用 5mm 厚強化玻璃，有時候也會利用鋁框再作線條分割，增加造型變化，玻璃種類可選擇清玻璃、噴砂玻璃、夾紗玻璃等，根據透光、私密性作搭配。

｜木作玻璃、格柵拉門｜

相較鋁框線條俐落，以木作打造的拉門框架較為厚實，然而造型上卻也更多變，可運用烤漆搭配玻璃作出鄉村、美式格子語彙，或是簡化線條以玻璃搭配木質原色框架，呈現溫暖柔和的居家氛圍，另外更可採取格柵設計，讓光線穿透流通，亦可展現若隱若現的視覺美感。

│ 拉門、折疊門 │

施工 檢查地面水平 ▶ 軌道吊輪進場 ▶ 加強天花結構 ▶ 門片與軌道結合

先檢查拉門、折疊門位置的地面是否水平，丈量時也要注意未來地坪完成面，例如：未來鋪設超耐磨地板，門框要預縮高低，接著軌道及吊輪組到貨，同時讓木工將其與天花造型結合並加強結構，門片完成後再與軌道結合。

計價方式

鋁框＋玻璃＋五金軌道，一才（30×30）約 NT. 580 ～ 850 元，視門框造型及玻璃厚度決定，而鐵件＋五金軌道，則視鐵件造型搭配適合軌道，每個鐵工師傅做法不一、計價方式不一，玻璃則視厚度另計。

空間應用

結合雙重功能，
靈活改變空間大小

緊鄰廳區的多功能房兼客房，希望能保持空間感，也要有足夠的隱蔽性，因此使用無毒環保的沃克板作為滑門、折門，沙發背牆考量動線流暢、活動空間，特別選用滑門，鄰近走道一側則使用折門，當門片收折起來時可維持通透開放的空間感。圖片提供 ● 禾光室內裝修設計

因應需求隨興調整的門片設計

玻璃隔間厚度超過8mm，具有較佳的隔音效果，兩側折門完全闔起呈現密閉空間時，8mm～13mm之間的玻璃隔音最高效果可達約30～40分貝。而平日折門可完全收於兩側，讓光線、空氣可互相流動。圖片提供 • 禾光室內裝修設計

圖片提供 • 實適空間設計

生活動線

以生活習慣、舒適尺度重新建構流暢動線

設計
關鍵

Key 1 行經臥房的動線上，最容易產生閒置的過道問題，可適時整合
至其他空間擴增機能，避免淪為單一且短暫的使用。

Key 2 開放式餐廚設計必須思考採買、料理及取用冰箱物品等相關動
線關係，儲藏乾貨、零食可鄰近客廳，拿取更為便利。

Key 3 流暢的動線要建構在舒適的尺度上，例如玄關寬度至少要預留
60公分，廚房走道應有90公分以上，否則小坪數會顯得侷促
壓迫。

生活動線不僅影響使用者的活動行為，也牽動空間的使用坪效，以常見小住宅格局案例來說，長形結構最常發生公共廳區動線相距前後兩端，造成使用不便，或是廚房安置在邊陲地帶，空間小到連冰箱也放不下，料理效率或互動大打折扣，又或者有些小宅以走廊為中心，房間規劃於兩側，如此一來走道便成為奢侈的浪費。因此，小房子在規劃格局時更應該注意比重分配，尤其要思考居住者的生活習慣、型態等等。

舉例來說，有人習慣回家先更換居家服、梳洗一番，如此應思考如何縮短入口至臥房動線；若是經常下廚，餐廚動線流程規劃時，需考慮到爐具、水槽、冰箱三角動線關係，理想狀況下，每個點之間的距離為 90 公分，又或者可將玄關至廚房的動線予以簡化、縮短，提高生活便利與合理性。小坪數住宅最常發生走道閒置問題，此時適時結合其它機能規劃，例如利用走道整合更衣間、展示，都能為小空間增加令人驚喜的實用機能。

. . . .

設計
原則

1. **強調開放格局動線、機能整合。**小住宅常見開放式餐廚與客廳的連結互動設計，此時廚房走道尺度建議維持在 90 ～ 130 公分左右，方便兩人共用、錯肩而過，中島檯面可整合餐桌、書桌雙重機能，減少繁複行進動線，大幅提升坪數使用效益。

2. **簡化動線結合收納功能。**若主臥尺度足以配置更衣間，建議更衣間、衛浴採一字形動線安排，動線兩側可吊掛衣物、收納包包，同時兼具走道功能，而且寬度預留 200 公分左右即可規劃成小型更衣間。

3. **門片形式變更，減少空間浪費。**小坪數空間應盡量減少空間浪費，因此建議可將門片改為活動拉門形式，既可讓空間使用更為彈性，還可減少門片開啟所需迴轉動線需求，替小宅爭取到更多生活空間。

圖片提供 ● 日作空間設計

Case 01 *Problem* ·

1. 大門右側就是衛浴,進出動線鄰近玄關,無形中讓浴室門口產生閒置、
    浪費的走道空間,幾乎可以規劃出一間小儲藏室。

2. 建商原本配置的格局,僅有一套迷你廚具,對喜愛料理的屋主來說難以
    利用,與客餐廳的動線也因此顯得擁擠。

before ▼

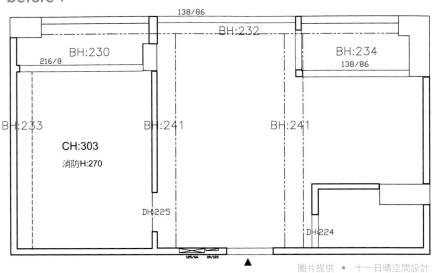

圖片提供 ● 十一日晴空間設計

Solution

設計師重新以屋主的生活習慣為主軸,捨棄其中一房打造成開放式餐廚設計,
利用 L 形廚房完美兼顧最具效率的三角動線規劃,並且得以享受寬敞舒適的
客、餐廳,而大門、衛浴所產生的閒置入口,也透過轉向修正,創造合理流
暢的動線與機能。

Solution 01

捨棄原配置在廳區旁的次臥，變更為客廳，並利用進門後的長形空間規劃為開放式餐廚設計，擴大至 L 型廚具，爐具、水槽、冰箱也擁有完美的黃金三角動線。

after ▼

138/86

216/8

REF

Kitchen
廚房

Balcony
工作陽台
138/86

w.m.

40"TV

Living Area
d

主臥室
**Master
Bedroom**

Dining
餐廳

更衣區

Bathroom
浴室

Shoes
鞋櫃

125/66 20/123

圖片提供 ● 十一日晴空間設計

Solution 02

衛浴出入動線挪移至另一側牆面，稍稍拉長牆面尺度，除了可增加浴室寬敞度外，從廳區、臥房至衛浴的動線也變得流暢許多。

Case 02 *Problem* ·······························

1. 長形老公寓所產生的狹長走道，讓通往各個空間的動線變得更加迂迴，冗長過道也很浪費坪效。

2. 原本廚房規劃在房子最末端角落，與客餐廳距離拉長，使用相當不便，加上也沒有多餘空間可以收納冰箱。

before ▼

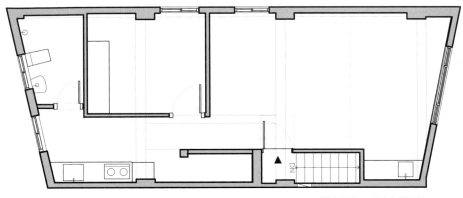

圖片提供 ● 實適空間設計

·······························

Solution ——————————————————————————

台灣常見長形街屋，最大的問題就是通風採光不佳，走道冗長毫無任何功能且陰暗，廚房又被規劃在邊陲角落，經過設計師以環繞式生活動線為概念，廚房移至前方整合成為開闊的公共廳區，料理時不再孤單，臥房開設兩個入口，一個連結廳區，一個接續衛浴，走道則改造為更衣間、洗手檯，縮短了生活行為動線外，更衍生許多實用功能。

Solution 01

將臥房入口挪至面對廳區，狹長的走道衍生成為更衣間，並以柔軟的布簾取代門片，動線並串聯衛浴，讓走道多了實用機能。

after ▼

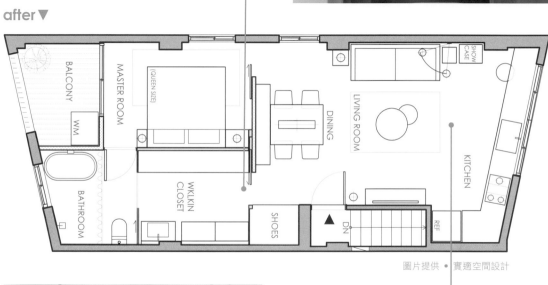

BALCONY

MASTER ROOM

[QUEEN SIZE]

WM

BATHROOM

WKLK IN CLOSET

SHOES

DINING

LIVING ROOM

SHOW CASE

KITCHEN

DN

REF

圖片提供 ● 實適空間設計

Solution 02

廚房由空間後端變更至前半段與客、餐廳結合，俐落的一字型廚房賦予完善的收納機能，左側更延伸整合書房，提升小房坪效。

Point
02
材質應用

想讓空間有放大感，材質的運用是一門大學問。
首先建材種類的挑選，直接影響整體空間感，
想變身清新小家或者小豪宅，
透過建材的選用，便可營造出期待中的居家氛圍；
並藉由材質的施工、拼貼手法，玩出建材變化，
進而達到延伸、放大空間效果。

圖片提供 ● 甘納空間設計

石材

淺色石材有效放大，局部施作更彰顯質感

應用關鍵

Key 1 挑選大理石的色系和材質時，建議淺色優於深色，同時表面採用亮面處理，才具有放大空間的效果。

Key 2 採用單純對花，避免繁複的花紋拼貼，才能讓整體空間較為清爽，不會因石材厚重質感顯得過於沉重。

Key 3 施工價格會依照石材種類、施作的面積和難易度而有所不同，施工前應先做好規劃，避免施工時間與材料的浪費。

大理石、板岩、洞石本身的自然紋理能賦予空間大器氛圍，但在小坪數空間，使用大面積的石材又怕顯得厚重，反而壓縮了空間坪數，若想提升質感又能不顯狹小，必須慎選石材種類和色系。一般來說，最好選用淺色系，像是米色、白色這種淺色最有放大空間效果，也可選擇在表面做光亮處理，藉由反射作用相對延展視覺。在材質的表現上，大理石多以亮面處理展現精緻質感，洞石多半會保留天然孔洞，板岩則是彰顯本身的自然紋理，多採用蘑菇面等處理方式呈現粗獷氣息。對小空間來說，若要達到反射效果，選用大理石優於選擇板岩、洞石。在設計時，也要注意不能過於複雜，以鋪設牆面來說，建議採用小面積的局部施作或懸空設計，能減輕大理石的厚重感。同時選擇單純的對花設計和紋理，避免採用小塊拼貼方式，因過多分割線條，會使整體視覺變得複雜，反而讓人無法放鬆且有壓迫感。

石材施工和材料費用多以才計價，並依照施作面積和難易度而有所不同。另外石材的處理方式，像是導角邊數、亮面或霧面處理，都會額外再計算費用。若施作面積較小，必須考量出工費，單價相對會略微高一些。另外，吊掛施工的方式會運用金屬支架支撐，價格會比其他的施工方式高，不過貼覆石材高度超過 3 米以上，才會建議使用吊掛施工。但若石材本身較重，且有特殊設計的情況下，即使是小坪數也會使用吊掛方式，從每才的單價來看，相較之下就必須負擔較高的金額。

<table>
<tr><td>應用
原則</td><td>

1. 懸浮設計，呈現輕盈感。
在公共區域像是客、餐廳等，小面積鋪設最為恰當，有效縮小石材量體，畫龍點睛提升質感，空間又不顯小。採用懸浮的設計，也能讓石材看起來更不厚重，更顯輕盈。

</td><td>

圖片提供 ●‧ 爾聲空間設計

</td></tr>
</table>

2. 同色系拼貼，視覺不干擾。想讓空間層次更豐富，透過拼貼石材能展現錯落有致的視覺效果。挑選時，最多選兩種淺色系拼貼，並採用相近色階，即便花色不一，也不干擾視線，反而能讓視線隨之延伸，有效拉伸空間廣度。

牆面濕式施工

施工　規劃計算石材的貼覆位置 ▶ 裁切石材 ▶ 在牆面抹上益膠泥 ▶ 貼覆石材 ▶ 以錘子輕敲表面幫助貼合，調整石材的進出深度

若石材是貼覆在磚造、輕鋼架隔間上，會採用濕式施工方式，在牆面塗抹益膠泥後貼上石材。

牆面乾式施工

施工　木作牆加強結構 ▶ 石材背面塗抹 AB 膠 ▶ 貼覆石材

所謂乾式施工，是不用到水的施工工序。以木作牆面為基底，在石材背面塗上 AB 膠後貼覆在木作牆上。

牆面吊掛施工

施工　立上金屬骨架 ▶ 石材切出溝槽和銜接孔 ▶ 在石材與骨架相嵌固定

以金屬骨材為底，再將石材鎖於骨架上，通常會較為牢固，多半是因為施作的高度較高，需要堆疊的石材數量也較多，為了能完全支撐石材重量，使用吊掛施工的方式才較為安全。

地面半濕式施工

施工　地面整理乾淨 ▶ 混合1：3的水泥和砂 ▶ 在施作區域撒上土膏水(即為泥水) ▶ 鋪上水泥砂 ▶ 以刮尺整平 ▶ 撒上土膏水 ▶ 貼覆石材 ▶ 以錘子輕敲表面幫助貼合，調整石材的進出深度

多使用於大理石施工。由於大理石的單塊面積較大，為了讓每塊石材都能高度一致，同時不讓過多水分滲入大理石，會使用半濕式施工方式。經過一層水泥砂、一層土膏水的交錯施作，藉此產生水化作用使石材緊密貼合，而鬆軟的水泥砂能方便調整石材高度。

大理石多以才計價（含施工），一才為 30×30 公分。邊角和表面處理的費用依施作道數多寡另計。一般來說，大理石一才 NT. 500 元到上千元都有，人造洞石約 NT. 4,000 ～ 5,000 元／片。

粗獷板岩與水泥天花相映襯

電視牆採用深灰板岩鋪陳，板岩本身帶有的原始況味，為空間注入自然氣息，小面積施作可減輕量體，避免石材帶來的厚重感。保留原始天花高度，露出原有水泥表面，水泥與板岩兩相映襯，在小空間也能擁有粗獷質感。圖片提供 • 明代設計

圖片提供 ● 甘納空間設計

木地板

順應光線和空間長邊鋪設，拉長視覺廣度

<table>
<tr><td rowspan="3">規劃
關鍵</td><td>Key 1</td><td>依照鋪設空間的長寬、有無向光以及鋪設的範圍，來決定長短
邊的鋪設方向。</td></tr>
<tr><td>Key 2</td><td>淺色木紋能有效打亮、放大空間，若能規劃在迎光處更能顯
白，放大效果也會更明顯。</td></tr>
<tr><td>Key 3</td><td>建議可挑選 180 ～ 210 公分的加長型木地板，更凸顯空間縱
深效果，進而產生空間放大感。</td></tr>
</table>

木地板是居家常用的建材之一，帶有原木溫潤韻味，能賦予空間自然氣息。若是用在小坪數空間，建議選用淺色木紋較佳，經過光線映射，淺色系能有效打亮空間。有些淺色木地板會帶有紅、黑等煙燻色，顏色相對較為深沉，且帶紅棕色系較不易搭配，建議小面積施作。色系盡量以淺木白、灰白為主，較能展現沉靜、淨白的空間氛圍。

　　在考量木地板拼接方式時，多會採用步步高升拼貼法，主要是讓木地板具有錯落的視覺效果，避免一致、呆板，同時這也是最省料的施工方式。若要讓空間多些變化，可選用人字拼貼，人字拼能拼貼出不同深淺木色的視覺效果，視覺上也帶有方向性，能引導觀看角度。一般來說，不論是人字拼或步步高升的拼貼方向，會考量到鋪設的範圍長寬和有無向光。沿著空間長邊鋪設，無形中能拉長空間深度；若是朝向光處鋪設，則能讓視覺延伸至窗外，擴展空間範圍。另外，要注意的是，在拼貼人字木地板時，角度盡量不要太小，且施作長度也要適中不宜過短，否則拼出來會太過密集擁擠。

<table>
<tr><td>應用
原則</td><td>1.　挑選加長型的木地板，拉長空間視覺不中斷。一般木地板有 150、180，甚至到 210 公分長以上的尺寸。鋪設範圍較廣且縱深較長的情況下，若預算允許，可選用加長型的木地板，相對來說能拉長木紋紋理，延展空間視覺，也能展現大器質感。</td></tr>
</table>

圖片提供 ● 實適空間設計

2. 人字拼地板，有效延伸空間。
    在空間中，運用人字木地板不僅可增添視覺的律動感，無形中也暗示空間的方向性，在小坪數中能有效拉長視覺，延展空間深度。同時人字拼的設計也能呈現歐式風格情懷，增添異國情趣。

圖片提供 • 爾聲空間設計

施工

以施工方式來分，可分為漂浮式、平鋪式和架高木地板。

| 漂浮式木地板 |

施工　整理素地 ▶ 鋪設防潮布 ▶ 拼接卡扣式地板 ▶ 收邊

漂浮式木地板施工，也可稱為「直鋪」木地板施工。採用「漂浮式」施工，先決條件是必須為卡扣式木地板才可使用，木地板之間以卡榫相嵌，無須下釘和鋪設夾板。但要注意原有地面必須平整；若為地磚，需無翹曲情況。

| 平鋪式木地板 |

施工　整理素地 ▶ 鋪設防潮布 ▶ 鋪上夾板 ▶ 裁切木地板後下釘固定 ▶ 四周收邊

平鋪式地板的施工方式必須以釘槍固定木地板，因此需加一層夾板，方便固定。同時木地板具熱脹冷縮特性，靠近牆面接口處要預留伸縮縫，以免日後木地板膨脹翹曲。

架高木地板

整理素地 ▶ 鋪設防潮布 ▶ 立骨架 ▶ 鋪上夾板 ▶ 裁切木地板後下釘固定 ▶ 四周收邊

架高木地板需先立下骨架,再鋪設地板。施工較為繁複,木地板廠商或木工師傅都可施作,事前必須先與工班討論施作的歸屬。

以拼貼方式來分,可分成步步高升、人字拼施工,一般多為平鋪式施工。

步步高升施工

依照階梯狀方式拼貼,裁切木地板前會先計算好施作長度。多從門口往室內依序施工。

人字拼施工

施作人字拼時,需先設定施作的空間中心線,由中心向外擴散,而不是從牆面開始施作,在空間中呈現的人字拼角度才不會歪斜。

計價方式

木地板以坪計價,價格多半連工帶料。若想多加一層隔音墊,則價格會再提升,以超耐磨木地板來說,國產約 NT. 3,000 ～ 4,500 元／坪,進口則是 NT. 4,000 ～ 7,000 元／坪;海島型木地板每坪約 NT. 5,000 元到 10,000 元上下,實木地板約從 NT. 8,000 元左右起跳,有些更高達 2 萬元以上。架高木地板的施作多了一道架高底座,因此需增加費用,比一般的漂浮式地板一坪高出約 NT. 3,000 ～ 4,000 元不等。另外,人字拼施作方式,需要裁剪好固定尺寸,相較來說,材料使用會比一般來得較多,價格也會提升。

直橫向交錯，順應日光和家具走向

為了不讓視覺混淆，餐廳地坪鋪設方向與中島、餐桌平行，
也納入廚房空間，讓餐廚合而為一。而客廳木地板則順勢
轉向，迎向向陽處，從大門進來就能順著木質紋理向外眺
望，延展視覺。透過木地板的交錯相接方式，無形中劃分
出領域，也為空間增添趣味。圖片提供 ● 日作空間設計

相同材質型塑一致視覺

在公領域中以架高地面劃分出書房空間，樓梯、架高區交
互錯落，在不同的區域中透過相同素材，整合視覺避免視
覺看起來分割，同時也能有效拉大空間範疇。圖片提供 ●
甘納空間設計

圖片提供 • 甘納空間設計

磁磚

大尺寸磁磚有效擴張視覺

應用 關鍵		
	Key 1	使用白色、淺色磁磚有助擴張空間視覺效果。
	Key 2	菱形貼法、人字貼法能引導視覺方向,可在無形中拉長空間。
	Key 3	在地面採用大型磁磚,可減少視覺分割線條,進而達到放大空間效果。

作為修飾壁面、地面的磁磚，其顏色、紋理和尺寸大小向來能大大影響視覺效果，使用面積和用途廣泛，是空間中相當具有份量的角色。磁磚種類很多，依照花色和燒製過程，可大略分出拋光石英磚、木紋磚、花磚等，當小坪數空間選擇鋪設磚材時，應注意若是用於地板等大面積時，最好選擇簡單、不會過於複雜的紋理，且以白色、淺色等色系為佳，淺色可讓物體有擴張效果，同時也可打亮空間，彌補小坪數衛浴經常會有無法開窗的問題；而過多色系或複雜的圖案，容易讓人感到壓迫不舒服，建議空間用色不超過三種以上，小面積局部使用具有圖案的花磚點綴即可。

磁磚拼貼方式與磁磚尺寸有關，長條磚型可用正貼、交丁貼法或者是人字貼法，正方形磚材可用正貼或菱形貼法增加視覺變化。一般來說，菱形和人字貼法角度會呈現方向性，容易讓視覺往橫向或直向擴張，有助於長型空間的視覺延展。

另外，若想讓空間看起來更開闊，可從磚材尺寸下手，在客廳等公共區域這種比較大的空間，可鋪設 60×60 公分以上的大塊磁磚，減少磚與磚之間的伸縮縫數量，降低地面分割線條，藉由趨近無縫的視覺效果，有效延伸地坪縱深不中斷。

- -

<table>
<tr>
<td>應用
原則</td>
<td>

1. **地、壁面採用同色系磁磚，延伸視覺。**將地面和壁面視為同一平面，四周牆面運用同色系磁磚產生連續的視覺效果，有效延伸放大，而單一色系也能確保視覺不被分割。可以透過磁磚本身的紋理變化，讓空間更富層次。

2. **大尺寸磁磚產生無縫地坪效果。**目前地磚的尺寸多元，40、60 公分見方是最常見尺寸，比較大的尺寸有 80×80 公分、50×100 公分、100×100 公分。地坪選用大尺寸的磁磚能避免空間中出現過多分割線條，也能呈現大器風範，但需注意磚材尺寸需對應空間大小，一般衛浴、臥房這種小空間不適用大尺寸，容易比例失衡，大尺寸磁磚應運用於客廳、餐廳等公共區域為佳。

</td>
</tr>
</table>

一般鋪設磁磚時，會依照施作的區域是在牆面或地面，以及磁磚的尺寸大小而選擇不同的施工方式。

| 硬底施工 |

施工 拉出水平、垂直的基準 ▶ 粗胚打底，整平施作面 ▶ 等待 1 ～ 2 天水泥乾燥硬固 ▶ 磁磚和施作面塗上益膠泥 ▶ 貼覆磁磚 ▶ 填縫

施作的工序上，會先以水泥施作打底整平，形成平整表面，再以益膠泥黏著貼合，地磚、壁磚都可使用。由於底層為硬底，可以調整磁磚與牆面距離空間不大，因此多半是 60×60 公分以下的磁磚採用硬底施工，小尺寸磁磚比較不會有翹曲度，完成後摸起來較易有明顯的凸起。

| 濕式施工 |

施工 拉出水平基準 ▶ 水泥砂漿打底鏝平 ▶ 貼覆磁磚 ▶ 填縫

可分成濕式和半濕式施工。多用於地面，由於水泥砂層未乾固前是鬆軟可調整的，因此這樣的鋪磚優勢在於方便調整磚面高低。像超過 60×60 公分以上的大尺寸磁磚，容易有磁磚翹曲的情形，可透過半濕式施工調整磁磚邊緣，使之與地面緊密貼合，避免邊角凸起太多。

磁磚以才計價，通常不含施工。拋光石英磚大約在 NT. 3,500 ～ 7,000 元左右。施工方式會依磁磚大小、鋪設位置和難易度而有所不同。小尺寸磁磚或貼於壁面通常是硬底施工，以 30×60 公分的貼工費用來說，一坪約為 NT. 3,500 元上下。60 公分見方以上的大尺寸磚材，地面多採濕式或半濕式施工，價格約 NT. 2,500 ～ 4,500 元不等。

長型磁磚拉長橫向視覺

特地依循長形衛浴的空間尺度,在橫長形的壁面上貼覆120公分木紋磚,橫向拼貼的設計,讓視覺從門口一路順勢拉長至淋浴區,而超長尺寸能讓空間顯得大器。木紋磚本身模擬天然木頭紋理,呈現自然溫潤的療癒氣息。圖片提供 • 日作空間設計

裸露紅磚展現搶眼風采

由於格局需擴增一房,大膽採用高質感的紅磚劃分領域,裸露磚材原有質地,不抹任何裝飾材料,展現粗獷無機質的原始風味,既賦予了隔間機能,也成為空間的矚目焦點。圖片提供 • 日作空間設計

圖片提供 • 日作空間設計

鏡面 / 烤漆玻璃

映射空間的最佳推手

應用關鍵		
	Key 1	將鏡面或烤漆玻璃放在狹長形空間的長邊，才能有效擴大橫向空間。
	Key 2	鏡面、烤漆玻璃小面積施作為佳，使用比例不宜太多，否則容易造成空間繚亂，讓人很難有放鬆感。
	Key 3	在確定貼覆烤漆玻璃前，應先決定開孔位置，否則事後難施作。

在狹小的空間中，為了坪數看起來更大，除了會採用淺色系的地、壁面，還可以運用鏡面。所謂鏡面，是在玻璃背面鍍膜，依照玻璃顏色不同，像是茶色玻璃、黑色玻璃鍍膜等，會形成無色明鏡、茶鏡或黑鏡等，視線無法穿透，產生可映照反射的特質。因此，透過在鏡面中形成倒影，無形中產生空間延伸的錯覺。所有具有反射特性的材質都可運用在小空間，像是烤漆玻璃、經過亮面處理的石材和磚材等，皆具有打亮空間效果。

一般鏡面會運用在窄長型空間的長邊，藉此加長空間的橫向視覺，也可貼覆於隔間牆或電視背牆，減輕沉重量體，貼在天花則能延伸高度，避免壓迫感受。在使用上，須注意比例不可過多，否則會無法辨別虛實和空間距離而造成混淆。像是明鏡的反射度較高，多半採用局部施作或與木作等其他材質拼接，降低使用比例。而反射度較低的茶鏡、黑鏡，則可大面積施作，常見於櫃體或玄關廊道。

同樣具有反射特質的烤漆玻璃，本身相當多彩，多用於櫃體門片、隔間，為空間增添亮點色彩，同時具有玻璃好清理的特性，也可施作在廚房壁面，和櫃體門片相互映襯。但要注意的是，一般白色烤漆玻璃本身是偏綠色，用於白牆上會呈現綠色而非完全透明，且若是淺色系的烤玻也會因而產生色差。建議避免挑選淺色系的烤玻，或者可改用超白烤漆玻璃，避免顏色與期望不同。

<table>
<tr><td>應用
原則</td><td>**1. 局部懸空，與窗景映照。**
在玄關、更衣室等小空間中，適合使用鏡面延展深度，同時可考慮鏡面的映射角度，若是鏡面面對窗外，能將景色迎入室內，有效開闊視野。另外，也可搭配燈光或是懸浮設計，加強視覺的輕盈感和空間明亮度。</td><td></td></tr>
</table>

圖片提供 ●● 爾聲空間設計

2.　**透過選色平衡視覺。**由於烤漆玻璃多是局部使用，若想在小空間不顯得過於突兀，建議選用和牆面、櫃體同色或是和諧色，延續相同的視覺效果，使風格一致。

施工

| 鏡面玻璃、烤漆玻璃 |

施工　現場測量尺寸 ▶ 裁切 ▶ 四周收邊 ▶ 以中性矽利康貼覆

鏡面和烤漆玻璃皆相同，在現場測量好尺寸後，交給工廠裁切，再於現場貼合。一般來說，若有插座等開孔需求，需預先告知，無法事後進行裁切。貼合時注意不可使用酸性矽利康，應採用中性矽利康，以防鏡面或烤玻被腐蝕。

計價
方式

鏡面、烤漆玻璃以才計價，通常是連工帶料。一般鏡面價錢約是一才 NT. 50～100 元、烤漆玻璃為 NT. 150～350 元。

空間
應用

加上鏡面，解除空間壓迫感受

在無自然光線進入的狹長廊道，再加上做滿置頂高櫃，整體顯得陰暗擁擠。為了讓空間更為開闊，透過明鏡的設計打亮空間，橫長形鏡面拉長視覺比例，視覺更為開闊，也解除廊道封閉感。圖片提供 ● 明代設計

半通透鏡面隔間，維持空間暢通

臥寢區一分為二，以半高梳妝台劃分出梳妝區和
睡眠區，上方再以鐵件框架圍塑後鋪設鏡面。隔
間刻意不做置頂，上方鏤空增添輕盈感受。鏡面
本身既有提供梳化映照之用，也應出窗外景色，
有效延伸視線至窗外。圖片提供 ● 日作空間設計

圖片提供・爾聲空間設計

玻璃

機能與穿透效果兼具

<table>
<tr><td rowspan="3">應用
關鍵</td><td>Key 1</td><td>清玻璃作為隔間,可有效劃分區域,並可讓視線穿透,避免空間產生狹隘感。</td></tr>
<tr><td>Key 2</td><td>玻璃運用夾紗、染色和雕花處理,讓空間更顯豐富表情,透光打亮空間也能兼具遮蔽性。</td></tr>
<tr><td>Key 3</td><td>設置在空間內側或狹小廊道,有助於光線深入內室。</td></tr>
</table>

居家空間中經常可見玻璃材質，大多做為空間配角，用來襯托點綴。無色且清透的特質，常作為隔間、門片，在區劃空間機能的同時也能不阻擋視覺，維持原有的空間深度，是小坪數中常用的建材之一。

玻璃可依照透明度、顏色、硬度來選擇適合設置的區域，並能有效修飾居家。一般常見的透明玻璃為清玻璃，清玻璃穿透度最高，若想要能讓視野、光線完全不被遮擋，清玻璃是最好的選擇。而若是玻璃面積較大，且設在經常碰撞的客廳、書房等公共區域，基於安全考量下建議改採用 8 ～ 10mm 以上的強化玻璃，避免危險發生。

若想遮蔽部分視線，又想呈現通透質感，可改用夾紗、雕花玻璃，甚至是經過染色的茶色玻璃或黑色玻璃，透光不透視的特性，不僅能遮住想隱蔽的區域，也能有效放大空間。玻璃能有效讓光線深入內室，若只有單面採光的情況下，可設在迎光側，避免光線受阻。此外，狹小廊道的隔間也可改用玻璃區隔，消弭空間界線，有效擴展廊道寬度。

- -

應用
原則

1. **雕花玻璃鑲嵌造型門片，賦予空間風格。**雕花處理的特殊玻璃，可增加美觀及獨特性，豐富空間表情。透過格線、門框設計，型塑或復古、或古典的空間風格。而玻璃透光的特性，也能讓光線從門片透入打亮空間，有效延伸視線。

圖片提供 •• 甘納空間設計

2. **玻璃隔間區隔，引光入廊道。**玻璃隔間向來是小空間最常用的設計手法，設於面光處，有效將光線引入，無形中擴張原本的封閉廊道。玻璃的選材上，可多元運用灰玻、茶玻、霧面玻璃等強化視覺印象，調和空間風格。

｜玻璃隔間｜

施工 規劃玻璃尺寸和分割計畫，確認有無開孔 ▶ 天花製作玻璃凹槽 ▶ 工廠預裁尺寸 ▶ 嵌入玻璃 ▶ 以矽利康固定接合處

若要施作玻璃隔間，木工製作天花時，需做出玻璃可嵌入的凹槽，事後要裝設時才有空間施作。

計價 方式

玻璃以才計價，通常為連工帶料。清玻璃一才約 NT.50 ～ 130 元不等，依玻璃厚度不同而有所差異。夾紗玻璃價格比清玻璃高，一才約在 NT.150 元上下。強化玻璃依厚度，價格會有所不同，一才約 NT.50 ～ 200 元左右。

空間 應用

雙入口雕花玻璃門片，透光不透視

採用古典對稱寓意，在長型空間底端設計雙入口，賦予空間風格語彙的同時，讓光線得以長驅而入，避免空間內部過於陰暗。透過雕花門片的不透視設計，臥寢區更為明亮，又可保有隱私。圖片提供 ● 實適空間設計

巧用灰玻門片區隔，維持空間明亮

在臥房最明亮的區域以灰玻隔間劃分出盥洗和臥寢區，
透過折射光線，早晨不被刺眼陽光驚醒，又能打亮空
間。而為了讓空間整齊有致，玻璃門片圍塑出更衣室，
巧妙隱藏視線，空間也能不顯狹小。方便開合的拉門設
計，可完全開展更衣領域，加乘開闊效果。圖片提供 ●
日作空間設計

Point
03
色彩搭配

想要讓空間放大，最簡單、快速的方法就是利用顏色，
一般最常用白色或者淺色系，其實只要學會應用深色，
深色也能製造景深效果，達到放大空間感，
至於一般人擔心多色搭配會讓小空間變得太過雜亂，
其實只要適當拿捏好比例，不僅空間變得活潑，
也不會讓人感覺視覺撩亂、有壓迫感。

小空間也能
駕馭黑嚕嚕的深色系

圖片提供 • 實適空間設計

深色

用對位置及色調,深色為空間創造景深

<table>
<tr><td rowspan="3">搭配
關鍵</td><td>**Key 1**</td><td>深色調明度較低,運用在小空間必須與淺色調相互搭配,才能
創造空間層次深度。</td></tr>
<tr><td>**Key 2**</td><td>小空間深色調占比不宜太高,深淺配比約控制在 2:8 或 3:7
之間,才不會讓空間被壓縮看起來更小,進而影響居住舒適度。</td></tr>
<tr><td>**Key 3**</td><td>天花板盡量避免用過深的顏色,會造成樓板太低錯覺,若要使
用,建議使用混合調配的顏色,提升些許明度可以減少壓迫感。</td></tr>
</table>

很多人害怕在小空間使用深色調，擔心會有過於沉重的壓迫感，其實小空間運用深色調的關鍵在於搭配比例及使用位置，只要用對地方，就算是黑嚕嚕的顏色也能幫助小空間放大。

從色彩心理學角度來看，空間配色是延伸運用高明度色彩放大，低明度色彩內縮原理，然而深色調個性較鮮明，若單一使用沒有和其他色彩搭配，會讓空間過度壓縮，反而無法達到放大空間效果，因此深色調與其他高明度色彩適當的搭配，可以創造深邃的空間感；因為色彩較飽和的深色能創造景深，運用在動線底端能延伸視覺，讓人有走道更長的錯覺。

小空間想要利用深色調達到放大效果，建議可以利用明暗度對比的概念，因為明暗反差運用在立體空間中，會經由感觀視覺產生比較，而使空間感受有所差異；例如高度較低的空間，天花板可以採用高明度的淺色，立面及地面則採用低明度的深色，這樣能提升空間高度，反之若想要擴張空間寬度，則立面採用高明度，天花及地面搭配較低明度的暗色系，無形之中放大空間感。深色調在小空間裡基本上是以重點式的概念搭配在局部，整體使用範圍不要過多，最好仍以淺色為基調，才能避免讓空間感覺昏暗。深色調顏色的選擇不侷限於黑、藍、灰等純色，不妨搭配調合後的中性色調，像是灰藍色、綠灰色、褐灰色等，調合後的色感較有層次，能營造柔和的空間感，也比單一深色顯得沉靜耐看。

圖片提供 • 實適空間設計

利用深色背牆強調睡寢空間沉穩、寧靜氛圍，其餘牆面則仍採用淺色刷飾牆面，適當的深淺配色比例，讓臥房有放鬆效果且沒有因使用深色的壓迫感。

圖片提供 • 爾聲空間設計

以白為主的空間，刻意在收納櫃上緣及天花板轉折側面以深色調收邊，使天花板有向上延伸的視覺感，深色勾勒的櫃體線條，也具有延展景深效果。

圖片提供 • 爾聲空間設計

白色

藉由光線引導白色材質及造型呈現光影變化

<table>
<tr><td rowspan="3">搭配
關鍵</td><td>Key 1</td><td>全室使用單一材質的白會過於單調，可運用多元的白色材質相互搭配，以不同的材質紋理表現細膩質感。</td></tr>
<tr><td>Key 2</td><td>白色空間要借助光線才能營造層次，自然光一定要充分引入之外，還可以透過燈光計劃，在適當位置設置光源，讓白色空間因為光影變化，創造豐富明暗層次。</td></tr>
<tr><td>Key 3</td><td>善用造型設計創造立體化空間，高低轉折處藉由光線輔助，產生明暗面變化，營造不同色階層次的白。</td></tr>
</table>

白色是最常用來放大小空間的顏色，由於白色能大量反射光線，同時帶來輕鬆無壓感，運用於空間則有放大進而產生寬闊的空間感，但如果從天花板、地面到牆壁及家具完全使用單一的白色，加上缺乏光線輔助，會讓所有元素融在一起反而沒有放大效果。如何在小坪數善用白色，創造出豐富而不顯呆板的空間，是小空間的一門學問。

想要在白色空間營造層次，除了最一般的塗料，還可運用各種材質紋理特性，例如木材洗白處理、磚材拼貼手法，或者鏡面、霧面材質相互搭配等不同質感材質運用，隱約表現紋理創造白色空間的細節質感；另一個則是利用木作造形設計，以轉折面的高低落差配合光線照映，讓高處呈現明亮白色，低凹的地方因為陰影呈現灰色效果，使小空間在白灰錯落下更有立體層次。

然而單純白色空間，無論是材質紋理或者不同立體設計，都需要借助光線輔佐才能創造出層次，除了增加自然光源的範圍，使白色空間隨著日光位置變化表現多變的光影外；燈光設計也是創造白色空間輪廓的重要因素，其中小空間中使用間接照明，不但能散發較柔和均勻的光線，運用在適當位置也能延伸白色空間視覺，例如在較低的天花板採用間接光有助拉高視線，而不同材質在間接照明渲染下，更能展紋理的特色及細微層次。

圖片提供 • 實適空間設計

若擔心白色感覺太過冰冷，不妨試試「白色＋X色」的配色公式，或是利用具溫潤特質的材質做搭配，有柔化空間氛圍效果，也能替空間帶來更多屬於家的溫馨感受。

圖片提供 • 爾聲空間設計

小空間決定使用白為主色時，顏色不變就從材質下手，規劃材質搭配時可以更大膽多元，像是白色大理石、磚材或者家具布紋等，讓小空間在細節處創造豐富度。

圖片提供 ● 實適空間設計

多色搭配

選出喜愛重點色彩，加以延伸搭配出專屬配色

搭配
關鍵

Key 1 大面積主色中利用局部空間加強對比配色，可以強調特定空間
屬性區域，再利用小面積較鮮豔的色彩，變化視覺感受。

Key 2 如果特別偏愛鮮豔的顏色建議局部施作，除了牆面，家具是可
以延伸搭配鮮明色彩的地方。

Key 3 牆面、天花板等大面積區域搭配過多顏色，反而會讓空間感到
雜亂無章，建議同一區空間最好不要使用超過三種主色。

對於空間裡運用鮮明的色彩，相信許多人是又愛又怕，因為色彩變化多端，色彩組合更是千變萬化，然而每種色彩都有它的本質和特性，先有基本色感認識才能更有邏輯性的善用色彩，輕易掌握空間風格調性。

基本上先從色彩帶給人感受來說，紅、黃、橙色屬於暖色系，給人溫暖、熱情的感覺，藍、綠、紫色屬於冷色系，給人感覺冷靜、理性。「明度」簡單地說，就是純色加入白色愈多明度愈高，加入黑色愈多明度就愈低，高明度色彩較為輕盈，運用在空間有放大前進感受；明度愈低的色彩感覺起來較為厚重、沉穩，與面積相同的其他顏色相比，會使空間有緊縮、後退的感覺，因此小空間經常使用明度較高的色彩放大空間。飽和度則是純色加入其他顏色，例如純色加入白色，明度提高但飽合度降低，加入黑色明度跟飽和度都會降低。一般來說，高彩度、高飽和度色彩給人正向、活潑的感受，高明度低彩度的色彩給人柔和、輕盈感。

在了解色彩因色相、明度、彩度交互影響所產生的變化，在為空間選擇色彩時，第一步就是選擇自己喜愛的顏色作為主色，再運用同色系、互補色或對比色等配色手法，型塑空間情境風格或者改善空間明暗。要留意的是，小空間仍需以放鬆舒適的感受為前提，若選擇過於鮮豔濃烈或者暗沉混濁的色彩，時間一久可能會影響情緒。

圖片提供 • 爾聲空間設計

想在小空間裡做出豐富色彩變化，可在局部牆面、家具家飾，選用彩度或飽和度較高的色彩點綴，由於整體仍以高明度色彩為主，因此並不會影響空間放大效果。

圖片提供 • 實適空間設計

使用相近色搭配由於鄰近色帶著左右色彩特質，會讓空間呈現活潑又不失協調的整體感，例如統一使用色相鄰近的大地色系或者中性色系，雖顏色相近，但卻能為空間創造出同中求異的層次感。

Point
04
家具配置

家具的選擇與空間有著對應關係，
因此空間小就必須在擺放比例與家具尺寸做對選擇，
才不會讓空間受到壓縮而讓人感到空間窄迫。
為了更確實使用到每寸空間，
可採用量身訂製家具，此類做法可同時納入多種機能，
達到一物多用的靈活運用，也提升空間機能。

Furniture **1** 聰明選配活動家具，
靈活機能最重要

圖片提供 • 思謬空間設計

活動家具

質精量少、彈性多功是王道

配置 關鍵	Key 1	選購時不必全配，用質感好的單件式家具形成焦點，或只保留最必要的家具。亦可與固定式家具做延伸連結，空餘出更多活動範圍增加舒適感。
	Key 2	家具體積上盡量以輕薄、好搬遷、可堆疊為主。此外，選用機能性強、搭配性高的多功能家具讓空間發揮更大利用。
	Key 3	家具造型上宜矮不宜高，比例上瘦長較寬胖好。可融入金屬元素強化線條俐落。若主家具量體大，周邊家具款型要縮減占比、以輕盈相輔。

小空間最怕擁塞，選購家具時不要執著於成套搭配，或某區一定要有某物的制式思維；應先觀察環境條件並思考生活習慣，確保主要活動範圍落在什麼區塊，再來決定重點家具。例如，有看電視習慣並經常性使用客廳的屋主，一套柔軟適中的沙發就是重點。但若是主要活動區在餐廚區，那麼一張質感好的餐桌、或可以久坐的餐椅就會變成挑選時的重點。

　　決定重點家具後，周邊的次要家具再順應調整。因為重點家具通常顏色深或體積龐大，如果茶几或邊櫃款型篤實，不論視覺或心理上都容易產生滯悶感。簡單來說，就是注意家具間質量配比的問題。如果主家具材質、體積寬厚，次要家具就要在線條、材質、顏色上輕巧些，亦可藉由降低高度的方式減少壓迫感。

- -

<table>
<tr><td>配置
原則</td><td>

1. **重質不重量。**只保留最必要的家具，藉由捨棄次要家具爭取更多地板面積。

2. **固定與活動搭配。**利用臥榻或固定式長條形座位節省空間，但挑選質感好的單椅沙發強化亮點。或是將餐桌與中島銜接，既延展檯面、縮短儲物區與餐桌距離，亦可節省走道浪費，順勢創造界線分野或動線引導的功效。

3. **多功能使用。**選用機能性強的多功能家具；這類家具通常具可伸縮或折疊特性，且設計之初已將外觀跟實用性都包含在內。或利用大腳凳搭配托盤取代茶几，也是變通的好方法。

4. **金屬元素。**大型家具通常量體感厚重，金屬配件可以強化俐落感，或是藉由反射光澤達到輕化量體的效果。金屬收納架體積薄、支撐力夠，造型上常帶工藝感，用於角落或檯面妝點都很適合。

5. **選擇輕薄、好搬遷、可堆疊的家具款型。**

　　除了上述挑選原則，要注意預留足夠走道寬窄。以成年人體型而言，站立時走道距離至少要 60 公分才會感覺舒適，如果加上行走或坐下等動作，活動範圍保持在 90 公分以上才不會容易碰撞。其實不論選購何種家具，最終要取得的還是空間平衡感，挑選時只要掌握「寧少不多，虛實相應」的基本原則，就能輕鬆打造爽朗的小坪數居家。

</td></tr>
</table>

輕量家具無壓、實用一把罩

捨棄制式套組家具,利用臥榻定調客廳,並以懶骨頭取代傳統沙發,釋放更多活動空間。塑料椅好搬遷,DIY木質桌面搭配橘色細鐵管腳架增加亮點,輕薄造型不僅零壓力,還能確保視野穿透,讓開放式規劃獲得更好的表現。圖片提供 ● 思謬空間設計

長木桌整合機能、確保寬敞

窄長形空間在入口處用細長實木桌搭配單椅整合客、餐廳功能。長桌尾端藉小型中島提供收納使整體機能更趨完善。此一搭配方式不但預留出足夠走道空間,也具動線導引功效。木質使用也與周邊建材相應、強化設計語彙。圖片提供 ● 日作空間設計

以精瘦線條削弱量體存在感

咖啡色布沙發顏色沉穩、體積龐大，於是選用靠背低的款型減少厚重。白色烤漆的移動式邊几活動靈巧，細瘦線條能避免侵占視覺。淺木色圓形茶几有助增加柔和感，無邊角造型即使走道較窄，也不容易碰撞受傷。圖片提供 ● 日作空間設計

金屬元素有助空間瘦身

木質是居家空間非常適合的元素，但占比過多時容易予人沉悶感；選擇融入金屬元素的活動家具可以有效改善這樣的問題。如果可以搭配元素雷同的訂製家具，不但能夠更有效精省空間，也能使整體畫面更俐落。圖片提供 ● 日作空間設計

圖片提供・思謬空間設計

訂製家具

爭分寸、保穿透釋放小宅窘迫

設計 關鍵	**Key 1**	利用懸空、鏤空、間接燈光、虛實相映等手法增加視覺穿透， 不僅能讓厚重量體輕化、也不會因視線切割造成狹隘感。
	Key 2	藉由縮小尺寸、選擇薄型原料來爭取更多空間。此外，將家具 機能整合減少面積浪費，或透過尺寸、距離的銜接拓展使用檯 面，一物多用方能提升坪效。
	Key 3	隱藏式設計多半需拉大牆面尺度整合機能，可有效修飾空間線 條、創造大器感，同時達到順化動線目的。

小空間居家經常面臨空間隔局規劃而造成空間不足，或者產生難以利用的畸零地，因此為了更有效地運用空間，在做家具配置時，除了購買現成家具外，固定式訂製家具對面積利用斤斤計較的小坪數而言，其實是更理想的選擇。一來有助修飾格局方正，對於不夠方正的空間，有修正功用，達到視覺上的美化效果，同時也有利於畸零地的使用；另外，訂製家具在材質、色調、造型上也更能吻合整體風格，確保感官舒適最大化。對於有特殊需求的屋主而言（例如，身形特別高或矮、某類型收藏品特別多等），專門量身客製化特性，也能讓居住品質獲得提升。

小坪數住家設計核心關鍵，一個是盡量偷空間，一個則是想辦法降低壓迫感。雖不若活動家具來得隨興、靈活，但訂製家具可透過牆面支撐輔佐，並複合應用各類手法，使空間能夠瘦身、強化坪效。少了冗贅干擾，小居所自然也能有大享受！

設計
原則

1. **縮小尺寸。**使用現成家具時，最常遇到的困境就是尺寸太大塞不進想要的空間；特別是柱子間的小牆或門旁小角落。訂製家具不僅可因應尺寸，細節上也能強化利用效率。例如鞋櫃內裝可用斜放取代平置增加收納數量。

2. **增加穿透。**收納是住家規劃重點，偏偏櫃體又最佔視覺，所以造型上可以藉由懸空、鏤空手法來增加視覺穿透，搭配間接燈光輔助，更能讓厚重量體變輕盈。

3. **隱匿消弭。**想讓小空間看來乾淨整齊，直接將柱子、櫃子或空間入口藏進牆面也是好方法。此種手法通常需要拉大尺度整合機能，所以可以有效修飾空間線條，同時達到順化動線目的。

圖片提供●爾聲空間設計

83

4. **虛實相映**。此手法一來可以創造空間層次感，藉立面深淺揮灑設計品味；二是保留實用性，讓不便示眾的生活雜物有所歸依，並減少沾染灰塵機率。搭配反射性材質，也有助削弱量體感。

5. **延伸串連**。利用訂製的方式可以讓多款機能整合在一個家具中，或是讓相鄰的 A 家具跟 B 家具之間，因為高度或尺寸的銜接而拓展了使用面積。亦可搭配滑軌或滑輪增加靈活性。

圖片提供 ● 日作空間設計

6. **材質多元**。規格家具板材種類選擇性少、厚度無法伸縮、款型也只能依範本製造。但訂製家具可以選用薄型且承重力夠的素材，例如 0.5 公分的鐵件，不但大大降低壓迫感，在造型和異材質的搭配上更能依照自己的需求做比例增減。

空間
應用

懸空 × 延伸讓工作區變輕巧

利用一整條長板檯面確保工作面積足夠，但藉由一個ㄇ字型的抽屜提供支點，並以斜角收邊讓桌體變輕薄。牆面設置開放式懸空櫃方便取用與展示，下方嵌入間接照明，既可營造櫃體漂浮感，也能補強光源、讓牆面表情更多變。圖片提供 ● 日作空間設計

造型功能兼具，
樑柱完美化身視覺焦點

玄關入口進來，一道深藍色門片櫃，在上方採坡度設計，加上白色層板來增添立面與深度變化，兼具儲物功能與跳台，讓家中愛貓可以悠閒地自在漫步，強烈的造型與用色，則成功在實際功能外，成為空間視覺重點。圖片提供 ● 甘納設計

修飾空間、活化畸零角

在過道兩側規劃雙面使用的開放式格櫃。灰玻層板讓量體顯得輕巧，視覺上創造了像是積木堆疊的趣味性，背板與地板、家具顏色也具協調性。櫃體不僅截斷大樑橫頂壓迫，也充分利用樑下空間增加收納。圖片提供 ●思謬空間設計

Point
05
收納計劃

收納問題一直以來是居家最重視的問題，
對不能隨意浪費空間的小坪數來說，
除了要收得乾淨，收納的規劃更必須透過精準設計，
以求與整體空間感達到一致，協助屋主收得容易、
住得更舒適外，也可收斂空間線條，
進而讓人有空間放大感。

Storage **1** 空間小更要收，
走到哪裡收到哪裡的收納

圖片提供 • 日作空間設計

分區收納

分散取代集中，收納更人性化

<table>
<tr>
<td rowspan="3">設計
關鍵</td>
<td>Key 1</td>
<td>捨棄特定區域要有特定收納的想法，最好依日常習慣將所有收
納打散在暫留區、主要活動區跟路徑動線中，讓收納成為順手
就能達成的事情。</td>
</tr>
<tr>
<td>Key 2</td>
<td>利用層架或開放型收納強化過道利用率；既可確保過道牆留白
功用，又能在感官舒適的前提下，爭取到順手收納的空間。</td>
</tr>
<tr>
<td>Key 3</td>
<td>藉由機能整併跟隱藏式收納可減少物品分散的凌亂感。空間中
的櫃體造型也可朝一物多用方向設計，不但節省空間又可增加
就手感。</td>
</tr>
</table>

許多人規劃收納時會把焦點收斂在特定區域的特定範圍。這種規劃最大優點就是方便管理屬性相同物品，在櫃體數量安排、尺寸調度上也能更精準。但專地專用的缺點就是容易流於形式化，最終還是造成空間雜亂。為避免小空間出現這樣的窘境，應試著結合訂製家具優點將收納想法化整為零，方能使櫃體成為生活幫手，而非中看不重用的空間累贅。

面對收納命題時，常會被刻板印象給框限住，但只要透過仔細思考生活習慣，再搭配化整為零的手法，就可以讓順手收納成為習慣。當整理變得容易，家的樣子自然就能隨時保持美美的囉！

. . . .

設計
原則

1. **強化過道利用率。**一般人在主要機能區（客、餐、廚、臥）都會規劃基本收納，但比較容易忽略的是過道牆面的利用。過道牆在設計中多會肩負留白功用；所以在這個部分的規畫上，不妨以一段延伸的平台、懸空的半腰櫃或是錯落式的格櫃作鋪陳，就能在維持感官舒適前提下，多爭取到順手收納的空間。

2. **整併機能。**若擔心收納處所太多造成視覺分割，也可將兩個機能區需求整合在一座大櫃體中；既可滿足走到哪收到哪概念，空間也會因尺度延展而顯得大方。

圖片提供 • 思謬空間設計

3. **提升使用就手感。**不論是暫留區或是主要活動區最好都要提升使用時就手感。例如，訂製沙發側邊預留放雜誌、書籍的格櫃；或是也可跟收納箱、籃結合使用，既增加家具底層利用率，也保留撤換調整彈性。

4. **暫留區也要有收納。**小宅中最容易忽略收納的就是玄關、衛浴這樣的暫留區,雖因停留時間短看似影響不大,但卻能在出入時承接需求、提升實用滿意度。所以在櫃體的造型上可以盡量朝向一物多用的概念發展。

5. **結合隱藏式收納。**小空間中常會以地板或櫃體的高低差來調度層次,利用這個概念結合隱藏式收納,例如,架高的地板側邊有抽屜收納。就可以自然地將物品歸進走道動線中而不突兀。

空間
應用

活用過道兼顧留白與收納

藉由雙面使用的格櫃增加坪效,也讓客廳在兼顧實用需求下得以保持清爽。餐廳與書房位置相鄰,半開放動線設計讓兩截式櫃體能與外部區域呼應,卻又能與書房內檯面銜接,使小空間收納呈一種可以相互支援的靈巧感。圖片提供 ● 思謬空間設計

隱藏式收納將物品歸進動線

客廳與多功能區整合在架高的地板上,利用下方抽
屜櫃將物品藏進動線中。大的櫃牆藉由虛實搭配手
法將電視隱藏創造出主牆焦點。但靠近餐桌的中島
側面成為書籍擺放主要區塊,不論想在地板或餐桌
旁閱讀取用都很方便。圖片提供 ● 日作空間設計

圖片提供 ● 思謬空間設計

隱藏式收納

轉焦點、辨真假的視覺魔術

設計 關鍵	**Key 1**	藉由主、副關係的安排讓視覺焦點集中，進而削弱對隱藏入口的注意力。此外，善用溝縫粗細來調度整體牆面設計，讓櫃體可以自然隱藏其中。
	Key 2	利用深色櫃牆與周邊環境對比，除可創造端景亮點，深色系也有利隱藏分割線條讓收納變不明顯。若空間主色是灰黑調融合性更高，隱藏也會更容易。
	Key 3	視野角度的侷限性，讓高處或地板下緣的收納不易被察覺，規畫時可以再利用檯面延伸遮擋，讓人忽略櫃體存在。

格局方正是多數屋主期望，偏偏空間中常會出現一些干擾；或許是一根橫在屋中央的樑、侵占了地板的大柱、也可能是一道位置不佳的隔牆……種種因素使得面積有限的小宅變得窘迫；於是透過修樑、包柱、拆牆重塑等手法賦予新生。那些為了校正空間所增餘的面積，又成為設計者發揮巧思舞台，隱藏式收納也就因運而生。

　　暗門似的封閉型設計是隱藏式收納的刻板印象。事實上，隱藏式設計主要概念在於「轉移焦點」。人的視覺會被顏色、材質或燈光影響，而將注意力集中在某個特定的地方。換句話說，隱藏式收納的位置未必得遮遮掩掩、隱在角落；只要它與周邊環境能夠融合，讓人因一時不察或觀看焦點不對而騙過眼睛，就足以達成目的。隱藏式收納多半是順應格局規劃的副產品，通常與牆面或地板設計有連動關係。規畫時可先將量身訂做概念導入，再適度地搭配隱藏手法，自然就能塑造一個身形俐落、面貌清爽的舒適窩！

設計
原則

1. **視角盲點。**小宅常會利用高低差來界定出區域界線，位在視線下方的收納很容易會被忽略，若是加上檯面略延伸遮住開口就更不易察覺。此外，亦可利用拆牆後重新定位的造型柱包藏收納，同樣會因觀看角度差異而忽略開口存在。

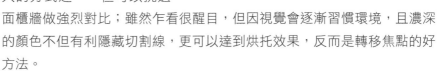

圖片提供 • 日作空間設計

2. **顏色對比。**淺色背景是小宅增大的方式之一，但可以挑選一面櫃牆做強烈對比；雖然乍看很醒目，但因視覺會逐漸習慣環境，且濃深的顏色不但有利隱藏切割線，更可以達到烘托效果，反而是轉移焦點的好方法。

3. **似真似假。**規劃格局時為了達到順化動線功效，常會將尺度拉大變成一整道牆面；此時不妨可以透過溝縫線條的揮灑將收納暗渡其中。除了全部採用相同寬窄的溝縫製造畫面和諧外；亦可透過粗細不同作變化，讓明櫃與暗櫃共存，替立面交織出更豐富的表情。

4. **以主藏副**。當小空間為修飾柱子而用櫃體包覆時，可以試著將整個櫃子量體加大，並把接鄰主動線這一側定調為主，讓造型有比較顯眼的表現；側邊開口則以無把門片淡化處理達到隱藏。

圖片提供 ● 思謬空間設計

以正面聚焦虛化側邊收納

黑櫃側邊原本有一根大柱，利用加粗櫃體手法將入門玄關深度和吧檯區的空間感同時劃分出來。此舉亦擴增了白色量體範圍，讓柱子跟櫃子能相互結合。修飾後的量體會聚焦在正面黑色部分，完美達成側邊隱藏收納效果。圖片提供 ● 日作空間設計

大面積顏色對比成就隱藏

左右兩側透過深淺顏色對比凸顯電器櫃量體區塊。
櫃牆上下方懸空 10 ～ 15 公分，電器櫃體本身也浮
出於木格柵牆 10 公分，立體感消弭了與背景沾黏
一起的疑慮，深色背景又凸顯了電器金屬閃亮，讓
人忽略櫃體的存在。圖片提供 • 日作空間設計

圖片提供 • 日作空間設計

訂製收納

盤點基地、習性特質以校準需求

<table>
<tr><td rowspan="3">設計
關鍵</td><td>Key 1</td><td>確保基礎需求後，應致力在收納容積的擴增上，並藉由造型與薄型素材的雙重運用減少不必要的尺寸浪費，達到質、量兼具的雙贏。</td></tr>
<tr><td>Key 2</td><td>確實檢視個人偏好，藉收納細節調校提升實用性與滿意度。個別區域依主用者體型跟習慣規劃。共同活動區則要強化取用跟歸納便利性以利共同維持整潔。</td></tr>
<tr><td>Key 3</td><td>訂製型家具通常能達到一物多用、減少空間浪費的目的，又可與整體環境協作量身打造氛圍需求，以提升坪效的觀點來看是比較合適的選擇。</td></tr>
</table>

小宅坪數侷限又擔心物品擴增無處存放，很容易陷入「櫃子愈多愈好」的迷思中。事實上，若只想著盡其所能的安排數量，卻沒有仔細檢視分析空間條件、擁有物品類別、慣常生活型態是怎樣；最後可能變成櫃子滿屋卻不好用、不想用。此外，過多收納也讓空間失去餘裕，長久下來變成人受制於物，反而降低生活品質。

　　這時不妨選擇以量身訂製收納方式來解決，藉由完全依造自身收納需求訂製而成的收納，不只在使用上會更加順手，而且可將收納整合在一處，藉此減少過多櫃體。至於若是空間為不規則形狀時，透過訂製可確實修飾表面，藉由平整線條美化空間，但內部仍可做為收納空間，達到實用與美化雙重功能。

設計
原則

1. **確保基礎需求。**光線、氣流、動線是活絡住家氣場的三大台柱。在做所有收納安排之前，這幾個要素一定要確保通暢，之後再依建物本身條件做基本收納或是裝修包材畸零角的強化收納。此外，樑下的過道牆、柱邊或是地板下也都是可以填塞收納的部位。

圖片提供 • 法蘭德室內設計

2. **訂製家具裁減冗贅。**小坪數面臨的考驗就是需求太多但空間不夠，這時候能整併多種機能的複合型訂製家具通常較能吻合小空間質、量兼具需求。透過造型的串聯、凹折、拉長或縮減，可以產生一物多用的功能。還能藉由薄型材料來偷取更多規格品浪費的空間。

3. **分門別類、精準測量。**將現有的物品分類，同屬性或有相關聯的物品收在同一處增加查找效率。書櫃可依照書籍尺寸、深度分成大小不同的格子置放，或是將常閱讀的獨立集中。區域規畫時最好依主用者體型、取用方便性做設計。

4. **思考個人偏好。**有蒐藏特定物品習慣時要將展示區跟備品區同時考量，是要全部還是輪番展示？另外，要預留多大範疇容納新增？物品是否需要除溼、控溫？家務習慣也要仔細拆解。同樣是規劃衣櫥，習慣

掛放還是摺疊？配件多寡、物品數量等細節這都會在造型、抽屜數量、格櫃尺度配比上產生差異，唯有精確評估才能找出要捨要留的部分，或是調整出各區塊最合宜的佔比。

空間
應用

量身訂製專屬的牆櫃設計

從樑柱下空間，順勢發展量身訂製高櫃，並在中段延伸可多功能使用的檯面，同時界定出客廳與廚房區域，高櫃採用全白櫃身弱化量體，並以虛實交錯規劃收納立面，將實際的收納功能轉化成有美化空間效果的牆設計。圖片提供 ● 構設計

收納箱×訂製櫃滿足遊戲需求

兒童房將床鋪架高空出下方活動區，創造出一種秘密基地的趣味。衣櫃下方刻意作鏤空設計，藉由活動式收納箱分類玩具、保持使用彈性。樓梯側邊則規劃隱藏式收納，讓每一寸空間都能有效利用。圖片提供 ● 日作空間設計

小家幸福味
微型空間的理想生活

Part 2

01 以色彩、磚材搭配，型塑清新可人的日式鄉村

文 • Cline
圖片提供暨空間設計 • 十一日晴空間設計

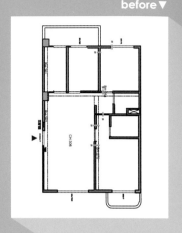

Home Data

21坪

2人

格局│**2房2廳2衛、書房**
建材│玻璃、復古磚、超耐磨木地板、塗料、馬賽克、木紋磚

從小變大
關鍵設計 ••●

after ▶

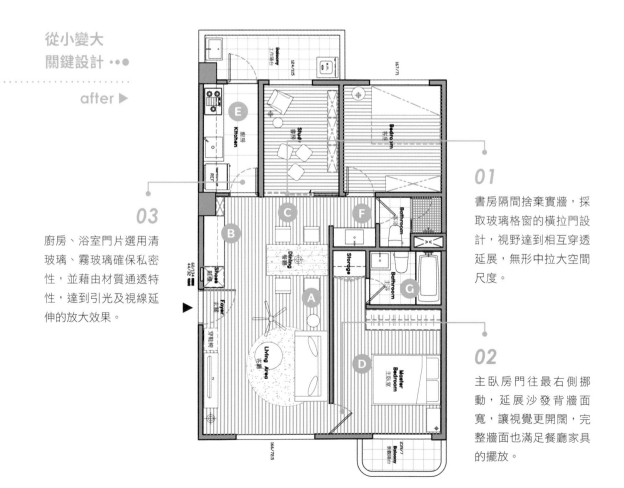

03

廚房、浴室門片選用清玻璃、霧玻璃確保私密性，並藉由材質通透特性，達到引光及視線延伸的放大效果。

01

書房隔間捨棄實牆，採取玻璃格窗的橫拉門設計，視野達到相互穿透延展，無形中拉大空間尺度。

02

主臥房門往最右側挪動，延展沙發背牆面寬，讓視覺更開闊，完整牆面也滿足餐廳家具的擺放。

　　年輕上班族夫妻，喜歡到日本旅遊，女主人也收集許多可愛家飾品，兩人對於第一個家很有想法，不但精挑細選舊有物品，也將建商附的衛浴配件、建材退掉，希望能融入他們喜愛的家具、色彩、氛圍，讓在家的每一刻都是享受。原始三房二廳的格局配置並未做大幅度調整，而是將主臥房入口動線挪至另一側，透過微調拉寬沙發背牆長度，獲得餐桌椅擺放的空間，也使客、餐廳產生連貫，房門更採取無框推門形式，當立面減少分割，自然可強調視覺的寬闊感。

　　其次是打開書房隔間以橫推拉門取代，具有穿透感的玻璃格窗也有拉大空間效果，些微架高 15 公分的書房地坪，則是作為區隔以及賦予隨興閱讀或權充臨時客房的用途。

　　因著屋主對無印良品、日式簡約的喜愛，且個性帶有一點可愛、喜歡收藏小東西的特質作為延伸，大門左側的複合式櫃體運用木板拼貼呈現，平檯立面搭配馬賽克磁磚；廚具也挑選有著線板的進口面板搭配精緻小巧把手，地坪鋪設復古紅磚、牆面以磁磚做出跳色層次，營造如法國鄉村般的輕快愜意。不僅如此，色彩的魅力也由廳區展開，沙發背牆刷飾加了灰色階的靛藍色系，比起單純的靛藍來得更耐看、有質感；臥房則是低調但雋永的淺灰色、客浴櫃體為綠色壓克力漆，包括玻璃格窗也呼應廳區飾以灰色框架，結合像是自然粗獷的實木家具、以及各式簡單卻又能互相融合的燈具，一步步導引出家的個性與氛圍。

A 色彩搭配

添加灰階提升空間質感

沙發背牆、餐廳主牆選擇加了灰階的靛藍色調鋪陳，無框式臥房門搭配相近的灰色美耐板包覆，視覺更有延展開闊效果。

B 收納計畫

複合式櫃體集結多元收納

利用進入廚房前的廊道牆面規劃懸浮式櫃體，抬高設計可收納掃地機器人，櫃體利用木板拼接做出線條感，搭配馬賽克磚創造鄉村氛圍，櫃體深度特別預留60公分，檯面就能收納電器用品。

C 材質應用

玻璃格窗讓光線、空間加乘

書房採取玻璃格窗橫拉門取代封閉的實牆，兩側採光、視
線能相互穿透，無形中擴展了空間尺度，拉門窗框也選用
一致的灰色壓克力漆處理，產生相得益彰的細膩質感。

D 色彩搭配

簡約舒適的淺灰背牆

捨棄天花板施作的好處是延展了空間高度，而難能
可貴的是，年輕夫妻可接受再低調不過的淺灰作為
床頭主色，搭配多種照明安排，簡單卻能創造不同
氣氛。

E 材質應用

線板、材質勾勒法國鄉村氣息

推開廚房有著仿舊斑駁的門片，踩踏在復古紅磚上，
自然清新的磁磚跳色運用，讓人彷彿走進法國鄉間
般，洋溢著愜意輕快的步調。

F 材質應用

鋁框玻璃門透光不透視

客浴洗手檯選用綠色浴櫃打造
而成，為空間增添視覺層次，
搭配鋁框霧玻璃門，化解採光
與封閉感，進口地磚結合平價
壁磚的使用，有效控制預算又
能創造質感。

G 材質應用

活動拉簾爭取空間坪效

主臥房衛浴鋪設木紋磁磚與進口地鐵磚，突顯整體質感，
並改用拉簾取代玻璃淋浴門，爭取空間坪效，也較好維護
清潔。

CASE

02 翻轉廚房隔間，
料理、收納機能加倍

文 • Cline
圖片提供暨空間設計 • 實適空間設計

before ▼

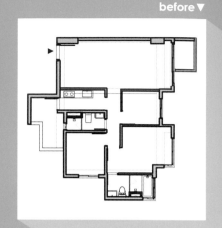

21.7坪

2人

Home Data

格局 | **2 房 2 廳 2 衛**
建材 | **清玻璃、鐵件、超耐磨木地板、壓紋玻璃、仿清水模特殊漆、乳膠漆**

從小變大
關鍵設計 •••

after ▶

01

除了必要的管線包覆，全室捨棄天花板施作，同時保留樑柱讓高度有延展放大效果，空間感無形中也變得寬闊許多。

03

廚房位置重新安排，以規劃適用的二字型廚具，與玄關間採玻璃隔間，面向採光的入口則採清玻璃拉門，藉此引入光線也讓視覺延伸。

02

拆除小房與公共廳區串聯，加上書房運用可自由、彈性移動的家具配置，打造開闊流暢的視野與動線，弱化狹隘空間感。

　　屋主 AHTOH 與 YANA 買下這間房子，很大的原因是客廳窗景能看見飛機起降，不過他們一開始並不想更動太多格局，只希望打開最小房的隔間牆，直到看了大幅度挪動的平面方案後，兩人決定聽從設計師的專業建議。

　　「原本的客餐廳是長形結構，而且沒有玄關，看似方正卻難以利用，餐桌又會鄰近大門、造成動線窘迫，如果只是拆一道牆，反而讓空間變得更畸零，另一個最大的問題是，小小的一字型廚具配置，既無法增加電器櫃，連冰箱都會佔據出入動線，」設計師分析說道。於是，除了拆除小房隔間規劃成開放式書房，獲得寬廣的雙面窗景與空間感之外，一字型廚房更予以轉向、放大，成為二字型廚房，不但能擁有完善齊全的家電設備，也藉由隔間的調整，解決了冰箱位置並創造儲藏室機能，同時達成最佳的料理三角黃金動線。不僅如此，經由重新調動的廚房設計，也巧妙型塑出玄關空間。

　　一方面，為了讓小住宅看起來更寬敞，僅作局部天花板包覆空調、電燈線路，甚至保留樑柱爭取挑高空間，並運用內凹的間接燈帶設計，創造光線的流動感；電視牆則透過拉平凸出結構柱體，成為一道簡約俐落的立面風景，設計師也刻意讓牆面與窗保留一隅角落，夜晚點亮燈光帶來明暗的層次氛圍。回顧設計之初，原本想要精簡預算的夫妻倆，隨著設計師賦予的美好框架，也慢慢講究生活中的每一個物件，明確地篩選具有回憶、或是充滿感情的物品，兩人也更熱衷於享受料理與待在家的時光，而這也是設計師所期待，讓屋主的生活哲學塑造出屬於家的樣貌。

A 收納計畫

原始結構延伸出收納空間

利用原始結構牆面的落差,發展出簡單
的層架設計,作為收納鑰匙、手錶等隨
身物件,也創造出輔助燈光照明。

B 材質應用

透過設計與材質創造層次感

透過拉平立面的處理手法,解決原有牆面凹凸不平問題,
構成簡約俐落的仿清水模電視牆,上端大樑不刻意包覆,
而是規劃間接光源弱化樑柱,並帶出豐富的立體層次。

ⓒ 格局規劃

開放規劃帶來小宅寬闊感

打開小房隔間牆，客廳、書房的窗景得以延伸，空間更加
開闊，並選擇細緻的淺藍色蜂巢簾，可彈性調整光線與景
色，也增添空間質感。

D 色彩搭配

跳色木紋帶入活潑溫馨氛圍

因為隔間調整產生的餐廳主牆，成為房子的中心焦點，運
用染色木皮牆為空間注入些許溫潤色彩，調和藍色與仿清
水模牆的冷調。

E 色彩搭配

色調一致延續沉穩調性

主臥房以低調沈靜的灰色刷飾主牆，延續廳區的藍色調成為窗簾，結合設計師特別訂製的落地鏡，傳遞簡約舒適的調性。

F 材質應用

清透玻璃化解陰暗、封閉感

二字型廚房圍繞著玄關、餐廳，壓紋玻璃隔間設計，空間得以穿透，化解玄關陰暗的狀況，加上清玻璃拉門，同時弱化廚房的封閉感。

03 藉門片調度機能與舒適

文 • 黃珮瑜

圖片提供暨空間設計 • 日作空間設計

before ▼

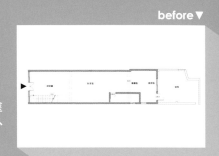

Home Data

21坪

1人

格局 | 1 房 1 廳 1 衛

建材 | 橡木、鐵件烤漆、火山泥塗料、人造石、海島型木地板、寮國檜木、玻璃百頁窗

從小變大
關鍵設計 •••

after ▶

01 將餐、s廚區調至入口旁取代客廳；藉開放式規劃鬆開長屋窄迫表情，加上白色背景鋪陳，讓此區滿足了交誼與實用需求，亦創造住家明亮清爽印象。

03 善用原格局樑柱不多優點，將收納機能往兩側靠攏。簡化動線後不僅可以確保光線與氣流通暢增加舒適；搭配滑軌門片調度公、私領域，也讓空間更有彈性。

02 將最占面積的櫃體安排在中段過道，不但可精省主要活動區域空間浪費，也令整體視覺呈現「寬、窄、寬」的動線韻律，有助消弭長屋的冗贅感。

　　面北老屋格局狹長，又是小巷連棟房屋的其中一間，光照不足是顯而易見的缺失。加上位居北投氣候潮濕，對於年事已高又獨居的長者而言，並非理想居住環境。於是將一樓空間全面改建並融入無障礙設計，預留日後需要照料時的彈性。此外還加裝了地暖設備提升室溫、降低潮濕。

　　將原本位在房子後段的餐、廚區調至屋前取代客廳。透過機能整併；一來可以擴大區域面積、增加活動餘裕；二來多數日間活動需求，都可以在這個區域一次滿足。而白色的開放式廚房與可以吸附異味、調節濕度的火山泥塗料電視牆相映；既賦予空間明亮開朗的觀感，也有冷暖對比、粗細呼應的設計趣味。房子中段是收納集中區，一整排落地櫃含括衣櫥及影音設備收納兩大功能。藏在櫃子裡的電器，利用

紅外線轉發器就能輕鬆遙控；散熱問題則順應地暖和空調所架空出的通道獲得解決。懸空櫃分列浴廁入口兩邊，除了是牆面造型，下方光照也可充當夜燈增加安全性。當滑軌門片拉上，櫃體自然區分給臥室和交誼廳使用，無須擔心機能偏廢問題。

　　舊格局中後院面積不小，但其實使用率低、也具青苔濕滑危險。裝修時縮減了庭院範疇，改為搭設採光罩的半開放家事工作區；不僅提升雨天利用率，也減少機器運行時的室內噪音。多功能區則沿襲舊鐵皮屋的增建線條拉出斜頂，並採用味道濃厚的寮國檜木鋪設，讓室內可以盈溢木頭香氣。落地鋁門窗、夾宣紙玻璃拉門不僅充作機能區界線，也構築出兩道空氣層增添保暖性，讓獨居長者能夠在舒適的環境中更安心生活。

Ⓐ 材質應用

舊瓶新裝賦活老屋靚表情

保留老屋外觀回應生活記憶，但窗戶更換成可調節氣流跟
光線的玻璃百頁強化舒適。防盜鐵窗按原本樣式打造，但
改成白色帶來明亮感，並增加間距深度以配合窗型。入口
以防滑地磚舖陳和緩斜坡，不僅藉顏色、質地差異區隔內
外，也昭示了無障礙的設計重點。

B 材質應用

透過設計與材質創造層次感

餐、廚與客廳機能整併後，不但使活動面積拓增，亦破除
了長屋窄迫印象。搭配鏤空的幾何鐵件層架，和半腰高鞋
櫃增加穿透感，都讓空間輕盈起來。火山泥塗料牆不僅實
用性高，素樸質感與橡木皮結合，恰與對面的白色廚具及
人造石壁面形成對比，成為別有風情的門面妝點。

C 收納計畫

用過道集中收納強化坪效

利用過道集中收納機能，不但有利於提升坪效，也讓空間
產生腰身、放大主要活動區的舒適感。落地櫃內部裝設有
電熱式除潮棒，衣物不怕受潮發霉。櫃體皆採用內嵌式門
把以降低碰撞受傷機率。兩座懸空櫃中央夾藏浴廁入口，
搭配滑軌拉門，隨時都能依需要調度公、私領域表情。

D 材質應用

雙層門障添表情、增舒適

半開放的家事工作區可提升日常利用率,塑木地板
也能降低濕滑危險。夾宣紙玻璃拉門帶有日式障子
門風味,但反光性低還有助隔絕室外噪音,更適合
高齡宅使用。與前方的落地鋁門窗搭配共構出兩道
空氣層,強化冬日保暖舒適。

E 材質應用

檜木天頂升級感官享受

順沿舊的增建線條將多功能區天
花打造成斜頂模樣;用 10 公分
寬的長條型寮國檜木拼接,不但
增加視覺觀感層次,也創造怡人
的嗅覺體驗。透過材質的變換創
造出類似簷廊印象;加上地板與
室內材質銜接,也有助放大整體
空間感。

F 格局規劃

預留變更吻合無障礙理念

無障礙是室內設計重點,但因屋
主要求先保留淋浴區門檻,於是
將長溝型排水槽安排在 2 公分高
的檻邊,即便日後撤除拉門和
石檻,也能盡量確保乾、濕區
劃分。

04 拉縮牆面，整平空間線條，創造方正格局

文 • Eva
圖片提供暨空間設計 • 甘納空間設計

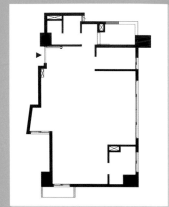

Home Data

22坪	格局｜2房2廳2衛
2人+1小孩	建材｜木皮、噴漆、玻璃、鐵件、實木地板、磁磚、大理石

從小變大
關鍵設計 ••●

after ▶

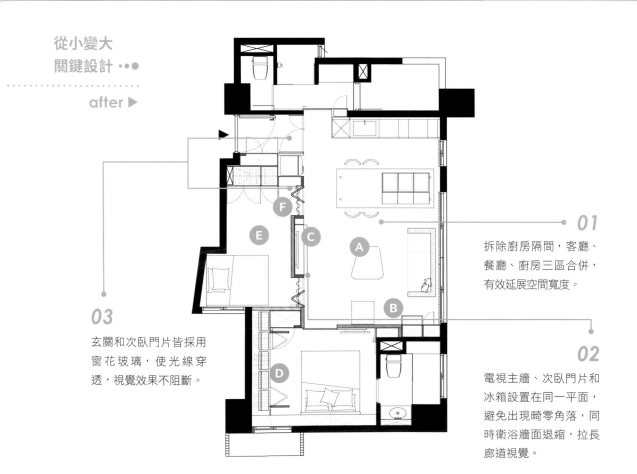

01
拆除廚房隔間，客廳、餐廳、廚房三區合併，有效延展空間寬度。

03
玄關和次臥門片皆採用窗花玻璃，使光線穿透，視覺效果不阻斷。

02
電視主牆、次臥門片和冰箱設置在同一平面，避免出現畸零角落，同時衛浴牆面退縮，拉長廊道視覺。

在有著良好採光的 22 坪空間，必須滿足屋主的兩房隔間需求，但又不能阻擋光線使室內陰暗，因此透過窗花玻璃門的設計，留下光線。同時拆除一牆，改為開放式餐廚，與客廳融為一體，營造通透明亮的氛圍。

由於原始格局僅隔出廚衛區域，在格局的運用度上更為自由。保留房屋本身具有四面採光的優點，將最大面積光源留給公共區域，與客廳相鄰的廚房隔間拆除，客廳、餐廳和廚房隨即連成一氣，拉伸空間廣度。餐廚之間設置中島吧檯，既可作為備料區，也是家人共享的美味餐桌。同時，拉出客廳主牆，將空間一分為二，劃分出次臥領域，並將次臥房門、電視牆和冰箱整合於同一平面，拉齊空間線條，避免出現畸零角落。電視牆兩側不做滿，改以玻璃折門作為次臥入口，方便開闔的折門設計，有效減少開門所需的半徑空間，避免影響過道出入。次臥雙入口對稱設計，融入八角窗框，再輔以屋主兒時記憶的格子窗花，就成了空間中最美的景色。

屋主本身經常往返國內外，因此特別注重行李箱的收納，在主臥特別設計彈性開放的更衣室，延續公共區域的玻璃折門元素，可收折的門片，行李進出更為方便。另外，位於次臥的畸零三角地帶則以假牆整平，而房門透光的窗花玻璃，即便關閉房門，光線也能輕易流洩入室。

A 格局規劃

機能並列，收整空間線條

在原本無隔間的空間中，拉出電視主牆，劃分
出公私領域，玄關採用二進式入口，也順勢收
納冰箱，將冰箱、臥房和玄關入口等機能規劃
在同一直線上，消弭凹凸線條。而主牆材質則
融入屋主兒時回憶，選用窗花玻璃與大理石相
映襯，加強光線反射和穿透效果。

B 收納計畫

隱藏櫃體，降低視覺壓迫

由於屋主喜愛品酒，因此將酒櫃與牆面整合，也一併規劃
儲物區，透過線條分割巧妙隱藏收納空間，刻畫俐落視覺，
降低壓迫感。並在酒櫃上方設計抽板，方便屋主放置開瓶
器等小物。空間以白色作為主色，淨白的色系有效打亮空
間，搭配特殊的扇形吊燈，打造公共空間中的優雅端景。

C 格局規劃

微調隔間，拓寬空間廣度

拆除部分衛浴隔間，向後退縮與電視主牆齊平，有效型塑俐落線
條，廊道也隨之加深。同時廚房隔間一併拆除，改以中島區隔，
客廳、餐廳和廚房連成一氣，拓寬空間廣度。刻意壓縮中島檯面
厚度，避免出現沉重量體，也創造更為輕盈的視覺效果。

D 收納計畫

彈性開放的更衣室，收納更順手

屋主因為工作關係須有放置行李箱空間，且要能快
速收納。因此除了設置衣櫃，挪出更衣空間，彈性
折門設計不僅拿取更順手，門片也不占空間。運用
鐵件框架與木盒組成的吊衣桿，搭配充滿東方語彙
的花卉圖樣，如精品專櫃般的設計，典雅而高貴，
成為空間中最美的視覺焦點。

E 格局規劃

拉一牆，格局更方正

次臥本身為不規則的空間，有著難以利用的三角形
畸零地帶，因此運用床頭背牆拉齊空間線條，收納
櫃體也順應牆面設置，形成方正格局。櫃體運用單
純的線條分割出櫃門，無把手設計讓立面更為完整。

F 材質應用

八角玻璃窗花，光線不受阻

為了有效運用大面積採光優勢，迎光處的次臥
和玄關門片皆採用八角玻璃折門，搭配復古窗
花圖騰，引光卻不透視，有效遮蔽內部，保有
臥房隱私。折門設計可減少開門旋轉半徑，拉
寬光線射入範圍，即便從臥房出入，也不會突
然阻礙廊道上行走的人。

CASE 05

進退之間，拉闊空間尺度，重塑家的幸福樣貌

文●王玉瑤
圖片提供暨空間設計●構設計

before ▼

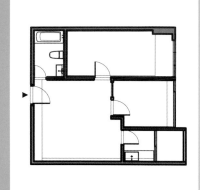

15坪	Home Data
2人 + 1貓	格局｜3房2廳1衛 建材｜玻璃、超耐磨木地板、塗料

從小變大
關鍵設計 •••●

after ▶

01 以穿透材質取代一般門片，讓視覺延伸，達到空間放大的開闊效果。

03 封閉式廚房改為開放式規劃，不只擴展廚房使用空間，也避免實牆隔間造成空間封閉、壓迫感。

02 原有和室內推縮小，讓出空間規劃用餐區，也讓開放式格局設計的公共區域尺度擴大，消弭原來狹小的空間感。

約 15 坪大小的空間，夫妻兩人加一隻貓，使用起來並不會過於侷促，但原有的兩房格局，加上封閉式廚房，卻壓縮到公共區域，也把單面採光的光線完全遮擋住，一進到這個家，除了讓人感到狹隘，還有缺乏光線的陰暗問題。

由於需要為屋主偶爾北上的父母預留睡寢空間，同時又要規劃小孩房，因此設計師在格局上維持兩房規劃，將原來突出造成空間不夠方正的和室內縮約 120 公分，藉由拉齊牆面線條，讓空間變得方正，也可避免產生難用的畸零地；至於和室原始隔牆嚴重阻礙採光，便以清透的玻璃拉門取代實牆，讓光線順利引入室內，未來若成為小孩房，父母也便於透過玻璃拉門照看小朋友狀況。

另外，原始屋高約有 3 米 3，在高度允許下，主臥更衣室不做至頂，留出 110 公分高度做夾層，寬度內縮與電視牆之間留出空間規劃夾層樓梯，電視牆頂端並做鏤空設計，幫助夾層空氣順暢流動，未來不管是給小朋友還是父母住，都能在這個有如密祕基地的空間裡有舒適感受。

因和室退縮空間變大的公共區，改以開放式格局設計，串聯客廳、餐廳和廚房三個區域，增加家人互動、製造空間開闊感，而過去廚房過於窄小的問題，也因為開放式設計可向外拓展，並透過格局微調，有足夠的空間做出兼具備餐功能的餐桌，讓廚房機能、收納更為完備，便於女主人未來大展廚藝。

Ⓐ 色彩搭配

強烈用色製造吸晴亮點

電視牆面刻意利用線條堆疊，藉此豐富立面層
次，接著刷上讓人眼睛一亮的藍色，利用強烈
色彩形成聚焦效果，為充滿大量白色的小空間
增添活潑感。

Ⓑ 收納計畫

發揮空間極致的巧妙設計

電視牆後面藏著通往夾層的樓梯，刻意在二階
後再做九十度轉折以節省空間；並利用階梯高
度，將階梯立面設計成拉抽式抽屜，解決收納
不足問題。

C 格局規劃

以開放格局創造開闊新生活

打開過去封閉式隔局,利用開放式規劃串聯廚房、
餐廳與客廳,形成一個開闊的生活場域,且藉由拆
除廚房隔牆,將自然光線引入室內,更大幅改善原
來空間陰暗問題。

D 收納計畫

收納集中使用更順手

改成開放式廚房雖然空間變大,但一字型廚房仍無
法完全收納小型電器等物品,因此將各種物品收納
以一座頂天高櫃做整合,採用灰色調系統板材,與
白色做出差異,又不會因為顏色過重產生壓迫感。

E 材質應用

利用穿透材質，引光、拉大空間感

原來的和室予以保留，除了空間尺度退縮外，造成
遮擋光線問題的隔牆，以具有穿透特性的玻璃拉門
取代，刻意選用灰色玻璃可避免過於直接的視線，
亦有豐富整體空間色彩效果。

F 格局規劃

格局微調完整主臥機能

原來主臥機能單純,因此設計師以入口做分界,切
分成更衣室與睡寢兩個區域,更衣室空間內退,留
出夾層樓梯空間後,剩餘空間規劃成走入式更衣室,
臨窗畸零地則打造觀景臥榻,拉齊空間線條也藉此
加強主臥機能。

06 精緻收邊細節，為窄長空間營造當代法式居家

文 • 陳佳歆
圖片提供暨空間設計 • 爾聲空間設計

before ▼

18坪

2人

Home Data

格局｜1房2廳1衛
建材｜木紋磚、大理石、壁布

從小變大
關鍵設計 ••●

after ▶

02
主臥以深度較淺的書櫃取代隔間牆，客廳及廚房的窗邊收納櫃考量使用便利性，深度比一般收納櫃略淺，無形中爭取到更多活動空間。

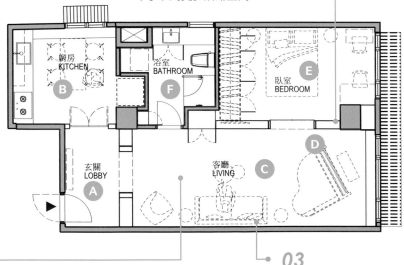

01
線板精準對線勾勒空間俐落感，筆直線條創造視覺景深效果，細膩設計則讓3米6的天花高度層次豐富，窄長形空間因此不顯壓迫。

03
牆面採中性淺灰綠色調搭配白色線板，充足光線使空間清爽明亮又帶點溫暖，牆面顏色襯托藍色絨質沙發、黑色直立式鋼琴及豐富藝品，藉此轉移視覺焦點，弱化空間擁擠狹隘感。

長期旅居英國的女主人，帶著來自英國的先生回台定居，搬進小時候生活的家。貼心的女主人希望空間依她們夫妻喜好的法式風格重新打造，營造出真正的歐式氛圍，讓居住在台灣的男主人回到家感仍到自在舒適。

四十年的老房子只有 18 坪，舊有隔局使空間關係無法連續，而且沒有後陽台使用。建築結構原始樑柱位置，分割比例恰巧可規劃出合適的隔局，因此新隔局便順著原始結構配置。隔局大致底定後，接下來就是仔細描繪空間輪廓，夫妻倆希望重現精緻優雅的法式空間氛圍，因此即使空間不大，仍依照典型歐式居家隔局留出玄關區域，以穿透式陳列櫃作隔間，讓視線在進門後能與客廳銜接；位於玄關左側的獨立廚房採雙推門設計，以鮮明的歐式風格元素，滿足女主人的期待。

客廳與主臥隔間以收納櫃取代，少了牆面佔據厚度爭取到更多空間，並選用透明玻璃拉門取代一般門片，雖然缺少隱密性，卻藉由光線與視線的穿透，解決一般門片的封閉感，間接增加側面採光，讓位於房子後段的黑色鋼琴沐浴在大量的日光中，有效減緩沉重感。

營造法式風格的重要元素——線板，設計師採用雙層修飾牆面，第一層勾勒天花板邊緣，第二層線板不但隱藏沙發背牆上的天花樑柱，位置經過仔細規劃拉出精準水平線，使空間輪廓更顯精緻。著重功能的廚房在風格與使用也放入許多巧思，為了更方便照料窗檯外的小植栽，窗戶邊緣設計深度較淺的收納櫃，配色選擇經典的黑與白，使視覺色感上輕易與其他空間相襯、串聯，成功營造出有如置身歐洲當地的居家空間。

Ⓐ 材質應用

特殊地板紋理拼貼放大玄關空間

玄關地板將木紋磚以 45 度角拼貼出紋理，向外擴張的放射狀線條有延伸視覺放大玄關空間效果，而作為隔間的陳列櫃利用鏤空設計，保留從玄關到客廳的視覺穿透，使進門後減少封閉感能隱約看到客廳樣貌。

B 收納計畫 × 色彩搭配

配合推門以深度較淺收納櫃增加空間

廚房以白色做為基調放大小廚房的空間感，而所搭配的推門需要較大的迴旋空間，因此窗邊收納櫃不能太深，加上餐桌後才能留出足夠的走道寬度，較淺的收納櫃也方便屋主照料窗檯植栽。

C 材質應用

挑高天花搭配直向動線拉長視覺景深

長形空間以直向動線拉長空間感，加上 3 米 6 的天花高度優勢，使小空間不覺得壓迫侷促；天花板更以雙層線板隱藏沙發背牆上凸出的天花樑，延伸俐落的直線引導視線延展，增加了空間景深。

D 收納計畫

收納櫃取代實牆隔間爭取空間寬度

主臥隔間以深度約 40 公分書櫃取代牆壁，減少實牆占據的厚度，為窄長空間增加多點寬幅；收放琴譜的收納櫃，採開放式設計節省打開櫃門的空間，不用挪動琴椅就可輕易拿取。

E 色彩搭配

淺灰綠與充足光線營造具溫度的明朗空間

主臥室考量床鋪擺放位置及走道寬幅，門片採用玻璃拉門使光線能穿透到客廳，空間以輕淺的灰綠色鋪陳，在光線照映下呈現有溫度的色感，同時提升空間層次而不會感覺過於單調。

F 材質應用

調整窗戶大小、淋浴降板設計創造精緻衛浴

衛浴是全室光線最充足的地方，為了有完整的設備配置及整體感，將窗戶縮小改為盥洗檯面區，特別講究收邊細節的設計師，將淋浴間地板採降板設計，少了門檻邊框連衛浴都顯得精緻。

穿透與延續，打造無拘束日式生活

文 • Cline
圖片提供暨空間設計 • 實適空間設計

before ▼

Home Data

18.5坪

1人

格局｜1房2廳2衛、更衣室兼儲藏室

建材｜硅藻土、復古磚、清玻璃、鐵件、仿清水模塗料

從小變大
關鍵設計 ••●

after ▶

01

臥房尺度回歸單純睡寢需求，並拆除廚房隔間，釋放加倍放大通透的公共廳區，也擴增料理所需的收納機能。

03

採取適度穿透、若隱若現的隔間設計，如臥房局部玻璃夾鋼絲、浴室則是鏤空長形開口，產生延展放大的視覺效果。

02

材料的延續與框景手法，運用仿清水模塗料串聯公私領域，如大尺度畫框般的硅藻土牆面，架構出整體且連續的寬闊感受。

決定搬離父母家一個人住，Adachi 對於未來生活的想像是，空間寬闊無拘束，也因為經常到喜愛的日本旅遊，期待能融入日式設計語彙。

既然是一個人住，原始兩房隔局勢必得做調整，再加上浴室、廚房空間都非常狹小難以使用，主臥房被隔成長形結構，中間反而閒置浪費，且又面臨床舖對著浴室門的窘境。

為了讓屋主可好好享受回家的時光，設計師改變四道隔間規劃，首先是主臥房縮減至單純睡寢所需尺度，同時獲取完整餐廳配置，也藉由打開廚房格局與客餐廳相互串聯，釋放出開闊通透的空間感；一方面為廚房增加足夠料理的大檯面，冰箱、電器櫃的收納更迎刃而解。

小空間要有瞬間放大效果，另一個關鍵就是穿透具延續性的設計，臥房局部隔間採取玻璃材質，房門則是拉門形式；房內浴室隔間以斜切 45 度劃出鏤空視角，當空間彼此可穿透延展，便創造出意想不到的寬闊感。除此之外，設計師更擷取日式建築、庭院造景等概念，由玄關至電視主牆刷飾硅藻土賦予框景意象；仿清水模塗料則是大面積從公領域一路延伸至臥房、浴室，當日光照射產生豐富的光影層次，配上香檳金窗框又顯得極為現代協調。

其他包括運用玻璃、鐵件、木素材構成具現代感的格柵語彙，臥房隔間甚至嵌入鋼刷木皮，巧妙貼合日式建築特有美感，從格局到氛圍型塑的細膩規劃，成功讓屋主讚嘆遠超過原有期待！

Ⓐ 材質應用

低調材質堆疊豐富視覺

仿清水模塗料從電視主牆往窗邊延續鋪陳，架構出簡約日式景致，當光線灑落水泥質地帶來豐富的視覺畫面，與香檳金窗框的搭配又極為現代。

Ⓑ 材質應用

適度留白強調無壓放鬆感

電視主牆刷飾大面積硅藻土，創造如日式庭園般的框景效果，右側廊道與衛浴隔間維持純淨白色，展開無壓舒適的生活步調。

C 格局規劃

以風格元素統整開放空間氛圍

捨棄隔間後的廚房,料理檯面因而獲得延伸放大,
由屋主喜愛的迷彩圖騰衍生的綠色廚具配上白色小
尺寸磁磚,散發一股日式復古氛圍。

D 色彩搭配

冷暖調和的靜謐空間

臥房還原至提供睡寢需求的空間尺度，對應水泥質
地的主牆面刷飾深色塗料，搭配溫潤的木頭材質調
和色彩溫度。

E 格局規劃

開口微調符合使用合理性

臥房內的小衛浴予以保留,調整入口動線,化
解床舖對門的尷尬,且特意採取鏤空開口設
計,並讓焦點落在紅色燈具上,視覺穿透有放
大感,又能透過光影帶來氣氛。

F 格局規劃

機能整併讓空間最大化

調整隔間得以擴大的衛浴,獲得無比舒適的浴
缸、淋浴間配置,同時將收納層架整合隔間,
空間更為大器俐落。

08 複合機能設計，
9坪也能有更衣間、儲藏室

文 • Cline
圖片提供暨空間設計 • 謐空間研究室

before ▼

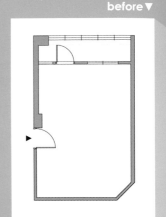

9坪

1人

Home Data

格局｜1房2廳1衛、更衣室
建材｜磁磚、超耐磨木地板、夾膜玻璃、鐵件、鏡面、防水塗料

從小變大
關鍵設計 ••●

after ▶

01

餐廚利用整合料理、餐桌的吧檯長桌規劃而成，避免過多隔間的阻隔，加上客廳選搭鏤空鐵件家具，釋放出通透寬敞的空間感。

03

不似一般平面式動線配置，利用垂直高度發展架高寢區，床舖內嵌在樓板結構內，少了凸出線條干擾，加上無邊界設計，化解擁擠壓迫。

02

浴室隔間收整為平面，門片採用黑色夾膜玻璃，並以浴簾取代玻璃淋浴間，面盆也特別選用尺寸較小的內嵌形式，將空間感放至最大。

　　誰說僅有 9 坪大的空間，就必須捨棄想要的生活機能？！喜歡做甜點烘焙的女屋主，便提出了希望如同一般住宅必備的客餐廳、廚房配置，而且不想要像小套房一樣進門就看見床舖。看似難解的小宅格局，謐空間研究室從空間的垂直、水平向度重新思考，並運用機能重疊的設計手法，不但滿足屋主各項生活所需，同時更擁有獨立更衣室、儲藏空間。

　　原本交屋之初，9 坪空間並未有任何隔間，設計師由入口處劃設出左側公共廳區、右側為私領域，透過精細尺度拿捏安排，私領域利用樓高 3 米垂直高度，規劃出架高寢區設計，下方則發展成為更衣室，高度約 160 公分，對身材嬌小的女屋主來說，也可以獲得舒適的空間感，此外，樓梯側面結構也額外創造出豐富的收納空間。採光極佳的公共廳區，則利用水平

向度切割出餐廚、客廳屬性，並針對易清潔特性，以復古磁磚、超耐磨木地板為分界，同時帶入複合式機能重疊概念，讓吧檯兼具餐桌、料理、閱讀等用途，吧檯上方的鐵件吊櫃也整合收納、展示與照明；下方則擁有雙面向的電器櫃、儲物櫃可使用，徹底發揮最大坪效。

　　不僅如此，設計師運用細膩設計，降低多餘線條干擾，當立面簡單乾淨，小宅就會有放大效果。例如將床舖內嵌至樓層板中，加上無邊界架高框架，讓視覺有延展作用，另外像是異材質地坪分界的水平軸線也特別與更衣室門片分割線對齊，讓線條收整得更加俐落，結合鏡面、玻璃材質門片的使用，以及深淺對比色彩的配置之下，小宅也能有開闊效果。

Ⓐ 收納計畫

善用高度切分出睡寢與收納

讓空間向上發展吧！運用架高床架的設計手法，圍
塑具隱私獨立的臥房，下方就奢侈地增加了更衣室、
儲藏的機能。

Ⓑ 材質應用

地坪分界迎來無壓開闊感

由水平向度發展的客廳、餐廚分界，地坪所劃設的
軸線特別與鏡面切割處對齊，線條簡鍊俐落，也加
上床舖內嵌樓板的關係，讓視覺有延伸開闊效果。

C 家具配置

整合多重機能對應小宅需求

利用吧檯長桌作為客廳、餐廚的空間界定，同時也
是料理檯面的延伸，另外還具備餐桌等機能，打破
小坪數的環境限制。

D 收納計畫

俐落設計淡化櫃體沉重印象

吧檯上方懸吊著鐵件層架，除了有收納展示功能，
一方面也整合照明規劃，視覺上俐落輕巧，桌面底
下則具有電器櫃以及雙面向都能使用的儲物櫃。

E 色彩搭配

巧妙混搭創造視覺變化與空間界定

屬於私領域的臥寢區、浴室特意刷飾深色壁面,與公領域的清爽輕盈色調形成強烈對比,樓梯踏面則選用帶有金屬亮光的鍍鋅鋼板,與周遭玻璃、鏡面相容卻又能產生獨特氛圍。

F 材質應用

藉由尺寸精算節省空間強調放大感

衛浴空間捨棄淋浴間,改為利用輕巧且彈性的浴簾取代,並選擇尺度較小的內嵌式面盆,爭取空間的開闊性,材質、色彩計畫延續公私領域,更有整體感。

少量家具
釋放更多空間尺度

文 • 黃珮瑜
圖片提供暨空間設計 • 思謬空間設計

1F　　2F

Home Data

24 坪

2 人

格局｜**3 房 2 廳 2 衛**
建材｜抿石子、沖孔密迪板、沖
　　　孔鐵網、人造石、花磚、
　　　系統櫃

從小變大
關鍵設計 •••●
• • • • • • • • • • • • •
after ▶

01 •—————●

原本廚房區牆面拆除，並調動廚
具方向及冰箱擺放位置；少了牆
面可減少封閉、引入更多光源，
搭配開放式客、餐廳規劃，更讓
住家表情變得光彩明朗。

03

削減外凸圓弧平台成為直線角
度，再以沖孔鐵網增加視覺穿透
與安全；確保上、下樓層互動，
更因造型與材質的更替，創造出
輕盈空間印象。

02 •—————●

公共區將收納統整在夾層下
的落地櫃中，並用窗邊矮櫃
和懶骨頭取代制式家具；去
除多餘線條干擾和體積侵
占，不僅型塑清爽門面，也
賦予更靈活的運用彈性。

1F

2F

屋齡 20 年的老宅原先就經過裝潢，格局本身並不需要大動作調整；但因女主人喜歡做手工藝、又期待開放式的明亮與寬敞，於是拆除廚房牆面吸納更多戶外光，並透過動線串聯拓寬視野、放大空間感。此外，舊的夾層有一個半圓弧造型平台，改造時變更成直線收邊，並以及頂的沖孔鐵網圍欄取代木欄杆，不僅強化安全，也讓住家氣質更時髦。

屋主沒有看電視習慣，加上家中養貓，希望人與寵物都能更自在行走坐臥，於是打破傳統配置概念，用 25 公分高的臨窗臥榻和懶骨頭取代沙發，既增加收納機能，又保留了座位概念，界定出客廳範疇。主牆面則利用夾層下方安排鏤空落地櫃，藉由虛實相映手法和簡單線條共構，釋放壓迫感也提升視覺層次。搭配長板凳與懸空層架點綴變化，讓整體畫面俐落卻不顯單調。

餐、廚區整併在同一空間，但利用花磚拉出界線。一字型廚具位置原本面向客房且與冰箱併排；調轉方向後將冰箱移至兩扇對外窗中央，並將動線延展成倒 L 型。如此一來，工作區塊加大了，也更容易掌握入口動靜。客房入口右側使用高度及距離都能自由調整的沖孔密底板鋪陳，不論用來收納鍋碗瓢盆，或是當成作品展示區都能隨心所欲。

二樓多功能室一樣用沖孔鐵網穿引光線與視覺，但色彩運用採取青嫩的綠，配襯在咖啡色地板周遭，給人森林意向聯想。多功能室外

順應結構樑位置規劃出長條形燈照強化明亮，並設計了開放式層架，讓畸零角落搖身一變成為舒適的閱讀區，也讓坪效發揮最大利用率。

拆除實牆統整光線、視野

舊的廚房位置幾乎正對樓梯，兩側又有實牆，造成視線切割與光源受阻。拆除牆面後，透過地坪串聯整合了公共區面積，又因視野延伸而放大了空間感。此外，將夾層的半圓弧平台變更成直線收邊，並用白色沖孔鐵網圍欄取代木欄杆，讓住家表情俐落又爽朗。

Ⓑ 家具配置

以臥榻立範疇、保彈性

保留原有落地窗，但改用白色平面捲簾覆蓋確保線條簡潔。25公分高的臥榻不會影響採光，且下方設有抽屜維持實用機能。透過臥榻規畫，勾勒出客廳範疇，卻又因少了制式家具牽絆得以含蓋更多可能。

ⓒ 收納計畫

落地櫃妝點主牆、滿足收納

利用夾層下方安排大型落地櫃;一來因為是過道所
以不會侵占主活動區面積,二來藉由底部和側邊鏤
空手法輕化量體,虛實相映之間,機能性和美感都
獲得滿足。左側以長板凳與懸空層架妝點,利用木
色、造型及層差,創造牆面向上延展印象,強化開
闊之餘亦豐富了立面視覺。

D 材質應用

輕體家具銜視覺、減厚重

利用超耐磨地板與花磚材質的差異定調餐、廚各自
機能，但藉由造型輕巧的餐桌椅銜接視覺、減少厚
重感。塑料餐椅採購自 IKEA，亮橘色鐵管桌腳雖是
同賣場商品，但搭上 DIY 的木質桌面，不但尺寸更
吻合空間所需，也讓桌椅色系更趨一致。

E 格局規劃

調轉冰箱方位延展廚房動線

將冰箱移至兩扇對外窗中央,創造畫面平衡,也確保光線不受阻隔。此舉使廚具動線得以延展,大大擴充了使用檯面和收納機能。立面使用能自由調整的沖孔密底板,實用性高、亦呼應上方鐵網孔洞,讓設計語彙更加完整。

F 材質應用

以鏤空手法激活角落空間

在私人屬性較高的多功能室採用青綠牆色,上綠下褐的配色,增加森林般的自然感,也劃分出公、私領域獨立性格。多功能室外角落空間,藉著沖孔鐵網的圈圍和鏤空間隙,保留上下互動連結。結構樑下拉出長條形燈照,並結合開放式層架,放上一張尺寸較寬的單椅,不論小憩或閱讀都十分舒適宜人。

CASE
10 打開寬敞尺度，
光影流動的日式簡約生活

文 • Cline
圖片提供暨空間設計 • 十一日晴空間設計

25坪

2 人

Home Data

格局｜3 房 2 廳 2 衛

建材｜手工磚、清玻璃、仿清水
　　　模地磚、超耐磨木地板

從小變大
關鍵設計 ••●

after ▶

03

卸下廚房隔間牆，與玄
關連結為一字型動線
外，部分空間也得以釋
放足夠規劃舒適的餐廳
尺度，公共廳區因而獲
得寬闊的空間感。

01

主臥房門重新挪移至
另一側，原本入口處
反而可增加儲藏室、
冰箱收納，玄關左側
也預留尺寸規劃無印
層架，為小住宅提升
坪效。

02

書房隔間換上大面積清玻璃
材質、客臥上方則是運用長
型推窗，除了達到放大空間
效果，推窗也能帶來良好的
通風循環。

25坪三房二廳的新成屋有著良好採光,比較可惜的是,在原本建商格局配置之下,廚房隔間突出一角,使得玄關空間擁擠狹隘,再加上屋主喜歡料理的需求考量,於是設計師將廚房的 L 型隔間予以拆除,藉由開放式廚房與餐廳的連貫整合,創造緊密的生活互動,同時也讓空間獲得更寬敞的視覺感受。

打開後的廚房與玄關形成一字形動線連結,地坪鋪設仿清水模地磚取代原有的拋光石英磚,相較之下更好保養,也回應屋主喜愛的日式簡約氛圍;廚房吊櫃下方的壁磚則捨棄烤漆玻璃選搭米色手工磚拼貼,與整體風格更為協調亦提升設計質感。

除此之外,原主臥、廚房入口造成走道閒置動線,則是利用主臥房門轉向位移手法,轉變為實用的儲藏室、冰箱收納空間,只要經過些許微調,就能增加坪效利用。

值得注意的是,客房、書房都運用開口開窗方式,除了因應屋主喜好,書房的大面玻璃開口保有視線穿透與延伸,空間變得更為開闊;客臥上方的開窗,則是帶來通風效果。

而即便當時屋主是因為設計師過去的「無印之家」作品進行設計委託,在這個空間當中,仍揉合屋主對日式簡約的期許,舉例來說,玄關右側的複合收納量體,特別以 2 公分暗把手的比例施作,配上灰階色系,打造清爽俐落的視覺感;主臥房規劃最簡單的純白系統櫃,及頂的高度之下特別讓上半段維持在四分之一的

比例,呈現如木作般的質感,針對影音設備機能,更是巧妙以木作層板內側隱藏線路,同時作為投影機的放置,充分用設計體現屋主的夢想生活藍圖。

格局規劃

取消隔間放大空間感

少了隔間的阻擋，得以釋放空間給餐廳，目前配置
140公分約 4 ～ 6 人用的餐桌，甚至可延伸至190
公分，餐桌後方則為房門調整後得以多出空間規劃
成的儲藏室。

 材質應用

木作、包樑隱藏線路

沙發上方利用木作層板內側規劃後置喇叭,同時放置投影設備,並沿著包樑至窗簾盒,再與前方電視、視聽設備連接,完美隱藏線路,維持視覺的清爽俐落。

C **材質應用**

局部換磚呼應簡約氛圍

開放式廚房與玄關串聯為一字型動線,換上仿清水模地磚來得更好保養也符合空間氛圍,牆面也一併改以手工磚貼飾,提升整體質感。

⒟ 材質應用

減少線條分割呈現簡約調性

公共廳區牆面刷飾溫暖的藕色為背景，主臥房門採用無框門設計，簡化門框線條，此外利用室內隔間牆開孔做線槽，不須另做電視牆強厚度包覆，俐落地將線路隱藏在牆面內，減少空間多餘線條，回應屋主對於溫馨日式簡約的喜愛。

E 材質應用

玻璃隔間延伸空間感

書房隔間運用大面積的清
玻璃材質打造,藉由視覺
穿透讓視野更為開闊,空
間也因而有放大效果,至
於隱私問題,則以捲簾解
決,屋主可視狀況靈活做
調整。

F 家具配置

純白搭配木營造出的靜謐舒適

主臥簡單利用無印良品家具作為陳設,純白色
及頂系統櫃提供豐富的收納需求,上層櫃體則
刻意拉高調整視覺比例,讓大型櫃牆不只好用
也更好看。

11 簡化動線、純化色感，展開空間視野深度

文 • 陳佳歆
圖片提供暨空間設計 • 爾聲空間設計

before ▼

15坪

2人

Home Data

格局 | 2 房 2 廳 1 衛
建材 | 胡桃木、系統家具

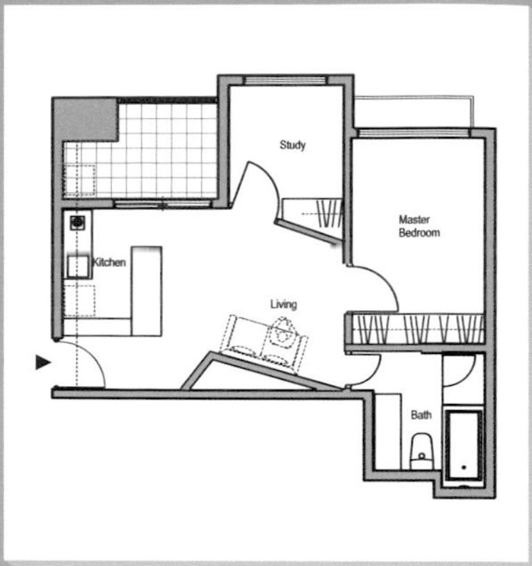

從小變大
關鍵設計 •••●

after ▶

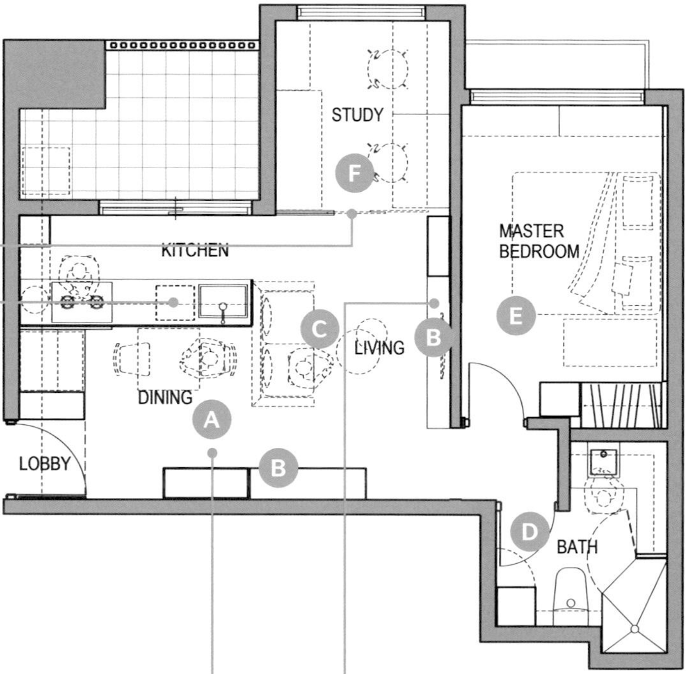

01 拉直原本曲折的動線，利用廚房檯面引導出貫穿整個空間的直向動線，同時移除次要空間的固定隔間以橫拉門取代，使空間視野更為寬闊，並借側窗引入的明亮光線放大空間感。

02 小空間配色力求簡單，主要顏色控制在 3 種為原則，以白色、灰色及黑色展現出現代感的空間風格，再搭配溫暖的木紋色，使整體視覺感到明朗而不雜亂。

03 精準計算固定式櫃體尺寸，讓每吋空間能有效使用，尤其擔負大量收納功能的書櫃與電視櫃，深度都依使用需求調整。

男主人喜愛下廚招待朋友，想要在空間裡擁有一個施展身手的大廚房，聽起來似乎理所當然，但這樣的美夢想在只有 15 坪大的空間裡實現，絕對是一項不簡單任務。

建商原有空間有個大問題，大門打開後視線正對廁所，舊有隔局以傾斜牆面解決，卻讓動線迂迴侷促，光線也因為緊鄰隔壁大樓而顯得不足。面對這樣的困境，爾聲空間設計決定回歸空間本質，將一字型廚房置入公共區域，拉出貫穿空間的主要橫向軸心動線，再以內玄關設計化解尷尬的隔局。

空間位置基本上不做太大更動，但為了實現男主人的夢想，設計師大膽在空間規劃一個長達 3 米 5 的廚房檯面，並且為了讓每時空間能充分被利用，在了解男主人的設備需求後，再精準規劃電器設備配置及廚房使用動線的流

暢性，並增設懸吊上櫃，增加收納同時保有空間輕盈及穿透感。主臥及衛浴之間規劃的內玄關，可以說是改變空間問題的樞紐，不但輕巧避開大門面對廁所的問題，主臥隱私大為提升，進入衛浴的動線因此變得更方便直接，與此同時也增加使用牆面作為電視牆。

書房原本的實牆改為 3 片式橫拉門，讓更多光線從側窗進入，同時也畫出直向動線，因此空間雖然不大，簡化後的動線拉開空間景深，加上白、黑及胡桃木單純的配色，整合了視覺放大空間感。固定式收納平均分配在每個空間，並以活動式家具搭配創造居家生活靈活度；天花板包覆舊有吊隱式冷氣，其他保留局部天花高度，使行走在小空間時因為天花板高低變化，帶來轉換區域時的微妙感受。

Ⓐ 色彩搭配

簡化空間顏色以白為主軸搭配黑灰

由於空間光線不足，因此選用能反射光線的白色為主色，佔據空間最
大部分的廚具則以木紋色營造放鬆休閒的居家感，整體空間顏色盡量
簡化，只簡單再加上些許黑及灰色讓空間具有立體層次。

B 收納計畫

以實際需求量身訂置複合式收納櫃

牆面固定收納櫃深度只有約 50 公分，
與廚房檯面間留出寬敞的走道空間，同
時被賦予複合式機能，面對大門的木紋
櫃能收放行李箱，牆面櫃則包含可以放
置鑰匙等隨身物品的平台、展示收藏的
開放層櫃及收納雜物的密閉櫃。

C 家具配置

搭配活動家具創造空間使用靈活度

公共空間除了在側牆及電視主牆置入必要的收納櫃，其他則以活動家
具布置，家裡有聚會時可以隨時挪移沙發和餐桌，以廚房為中心的客
廳，也形成男主人展現廚藝，零距離互動的開放式場域。

D 格局規劃

依生活習慣調整衛浴增設使用檯面

男女主人因為工作原故，日常生活作息有所差異，
因應沒有泡澡習慣的 2 個人，將浴缸移除後增加梳
畫妝的檯面，讓有時必須早起出門的女主人不會打
擾到男主人睡眠。

E 家具配置

減少木作簡約配置主臥回歸寢居休憩功能

主臥減少黑色，以柔和的淺棕色、暖灰色營造寢居應有的溫暖感，小空間規劃也力求簡單，除了固定式衣櫃，放置書本、眼鏡等小物品的床邊桌，以不對稱方式選擇活動式家具搭配，為臥室增添些許趣味。

F 格局規劃

橫式拉門取代隔間牆提升空間光線

書房預留作為小孩房使用，並為了引入自然光線，移除原本的固定隔間改為橫式拉門，空間整體明亮度因此大幅提升；拉門中段採用鏡面材質，不只是因為具有鏡射效果，實際上也是推拉門的把手，使門片長期使用下來不容易弄髒。

CASE

12 透光材質、通透量體， 感受光線自在流動的美好

文 • Cline
圖片提供暨空間設計 • 謐空間研究室

before ▼

23 坪	Home Data
	格局｜2 房 2 廳 1 衛
2 人	建材｜水泥粉光、玻璃、鐵件、超耐磨木地板、塗料、木皮

從小變大
關鍵設計 •••

after ▶

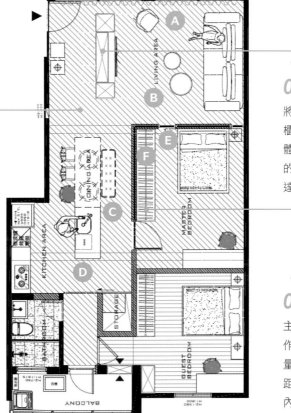

01

將鞋櫃、儲物櫃、設備櫃結合成一座複合式櫃體兼隔屏，釋放更寬闊的空間感，同時適度地達到劃設場域的作用。

03

公共廳區地坪鋪設的超耐磨木地板採斜貼方式，除了有放大空間視覺效果，也透過線性導引出流暢的開放動線。

02

主臥採用透光玻璃材質作為隔間，同時讓衣櫃量體上端保留通透的間距，自然光線可穿透入內，也能化解空間的壓迫性。

屋齡三十年的中古屋，交屋時隔間已完全拆除，僅僅保留浴室以及廚房預留管線，不過由於基地屬於長扁形結構，只有前後兩側擁有對外窗，但是後方又面因為臨防火巷，導致主要採光必須仰賴前段空間，這也是屋主最迫切希望能改善的問題。

因此，一開始設計師便以直向軸線來規劃動線與格局，位於客廳、餐廚交會點上的主臥房，採用長虹玻璃、鐵件構成虛實隔間，讓光線可以毫無阻礙地透進房內，又能適時保有隱私。一方面也盡量降低隔屏或量體高度，例如主臥衣櫃特意不及頂、保有通透間距；玄關和客廳之間更是捨棄實牆劃分，運用約210公分高的櫃體區隔，除了降低壓迫感，光線亦能恣意穿梭於每個空間。

櫃體隔間同時整合鞋櫃、儲物櫃、設備櫃的收納需求，相較一櫃一機能的傳統做法，反而更能發揮坪效。至於原本的一字型廚具，考量檯面尺度有限，扣除爐具、水槽配置，幾乎沒有料理作業區可言，於是利用房子的長軸線發展出另一座中島廚具，且串聯餐桌家具，原廚具旁則規劃為電器櫃、冰箱，創造出高機能的開放式料理空間。

除此之外，從浴室隔間拉出一道滑門隔間，並釋放局部廊道衍生儲藏室，提高小坪數的實用性，滑門也有減少迴轉半徑、爭取空間的效果。

Ⓐ 材質應用

爭取屋高化解小坪數侷促感

捨棄天花板施作保留高度的延展性，加上純淨
的白牆背景、輕透窗紗搖曳，營造空間輕盈基
調，也勾勒自然清新的舒適調性。

Ⓑ 材質應用

材質混用打造空間焦點

以水泥、鐵件、玻璃等原生材質做鋪陳，搭配輕快的藍色
階串聯每個空間，回應屋主的風格喜好，也巧妙替空間製
造視覺亮點。

C 材質應用

利用拼貼手法導引視線放大空間

主臥房隔間以水泥粉光搭配鐵件與玻璃做出分割比例，反
倒更能凸顯量體的獨特性，木地板特別採用斜貼手法，也
有放大視覺效果。

D 格局規劃

善用地形調整成更自在的生活動線

利用扁長形基地結構，在屋子中心規劃一座中島廚具，與
公私動線達到緊密的串聯與互動，一方面也擴增了料理的
完善設備與機能。

E 材質應用

清透材質引光兼顧隱私

主臥房隔間選用具透光但保有隱
私的長虹玻璃材質打造，解決採
光不足的狀況，白天不用開燈也
能讓光線引入房內。

F 材質應用

設計巧思淡化空間狹隘壓迫感

主臥房衣櫃上端特意保留些許間
距不及頂，加上隔間上端的玻璃
材質運用，大幅提升房間的明亮
度，亦避免造成壓迫。

微調格局，還原空間深度，光線也更明亮

文 • Eva
圖片提供暨空間設計 • 慕森設計

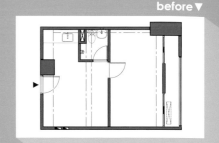

21坪

1人

Home Data

格局｜1房2廳1衛
建材｜超耐磨木地板、鐵件、黑
玻、系統櫃

從小變大
關鍵設計 •••●
••••••••••••••••••••••••
after ▶

01
讓出部分臥房領域，衛浴向外延伸
拓寬，多了浴缸區，型塑乾濕分離
的區域，空間也更寬敞。

02
延伸廚房牆面，與電視牆齊平，不
僅拉大廚房空間，也讓立面看起來
更俐落平整。

03
拆除臥房的遮光隔間，改以矮櫃區
隔，大量日光得以進駐深入內部，
讓空間變得明亮開闊。

在 10 坪的空間中，原有格局的公共廳區相對陰暗無光，空間顯得狹窄。由於只有屋主一人居住，因此拆除臥房隔牆，公私領域融為一體，釋放空間深度，視覺頓時穿透開闊，也讓日光能深入內室。

空間中央運用靛藍矮櫃和架高地板隱性劃分區域，櫃體延伸至客廳背牆，有效圍塑客廳與臥房範疇，明亮的跳色形成空間焦點，也注入活潑氣息。矮櫃上方則設計細長鐵件，增加吊掛功能，細緻的外觀和白色烤漆輕化視覺效果，讓光線能恣意透入。白色牆體增加些許鑿面，不造作的粗獷感油然而生，空間因而多了獨特個性。同時運用大量白色調作為主色，透過鐵件、磚牆和地板等不同材質，突顯視覺層次。

衛浴門口轉向，與廚房相對，形成完整的電視主牆，而廚房隔間同時向外延伸，與電視牆齊平，不僅有效放大廚房，也切齊空間立面，視覺線條更為俐落。微調臥房隔間，縮小更衣領域，就讓衛浴多了泡澡區。以白色鐵道磚鋪陳衛浴牆面，淨白的色系能擴增視覺效果，大地色花磚則成為焦點主體，質樸的韻味增添迷人感受。

由於屋主喜愛攝影，除了增設照片牆，也特地選用攝影棚燈的造型燈具，融入屋主性格，體現個性化空間，而不足的光源就用軌道燈取代。同時讓植栽與吊櫃結合，為空間注入一抹綠意，提升生活質感。

Ⓐ 色彩搭配

明亮靛藍，為空間注入活潑氣息

為了不讓日光受到阻擋，拆除臥房隔間，改以矮櫃
區分空間領域，L型櫃體一路拉至客廳背牆，有效延
伸視覺感受。刻意挑選高彩度的靛藍色，與灰白櫃
體形成映襯，在一片淨白的空間中更為突顯，流露
明亮活潑的氣息。

Ⓑ 材質應用

細緻鐵件，視覺輕量化

由於餐桌也是工作桌，需要足夠光源，捨棄單純的
吊燈造型，改以掛架鑲嵌燈管取代，同時也兼具收
納功能，輔以植栽點綴，增添生活風采。而臥房處
也拉出白色鐵件與之呼應。細緻的線條、通透無礙
的設計，讓自然日光得以深入。餐廳攝影棚燈增添
粗獷韻味，融入屋主喜愛攝影的性格。

C 收納計畫

櫃體嵌入牆面，避免畸零角落

電視櫃體與牆面嵌合，形成完整立面，使空間相對
放大。視聽設備區則採用開放設計，方便屋主操作。
櫃體選用灰白淺色的木紋，能減輕視覺沉重。白牆
刻意留出鑿面，粗獷質感不言而喻，在淨白的設計
中，透過原始磚面表露視覺層次。

D 格局規劃

延伸牆面，廚房空間變更大

拉伸原有廚房隔間，不僅劃出更多廚房領域，也留出冰箱位置，使設備適得其所。擴增廚具範圍，由一字型延展為 L 型檯面，作業區變更大，使用更為順手。深色門片與淨白空間形成對比，風化般的木質刷紋呈現絕妙的視覺律動，也流露自然無垢的風韻。

E 收納計畫

**整合更衣室機能，
留出走道也避開視線**

巧妙留出出入走道，使動線更順暢，並能有效避開訪客視線，無需設置櫃門也能巧妙隱藏。除了設立基本吊掛和拉抽之外，由於屋主經常出國旅行，更衣室特地設置專屬行李箱收納空間，讓衣物、物品各得其所。

F 色彩搭配

多元材質運用，視覺更富層次

犧牲部分臥房領域，將衛浴空間拓寬，增設浴缸區，
讓屋主享受悠閒的泡澡時光。全室牆面鋪滿白色鐵
道磚，有效放大空間，同時也與空間主色相呼應。
特別訂製的鐵件門片，加上鉚釘和黑玻點綴，整體
形塑強烈的黑白對比，再加上極簡的亮面材質與粗
獷金屬相互輝映，空間更富有層次。

14 樓梯移位，換來寬敞生活空間

文 • 王玉瑤
圖片提供暨空間設計 • 構設計

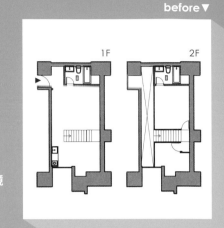

12坪	Home Data
2人 + 2狗	格局｜2房2廳2衛浴 建材｜玻璃、超耐磨木地板、鏡子、鐵件

從小變大
關鍵設計 •••

after ▶

01
把位於空間中央，導致空間被分成二半的樓梯，移至靠牆位置，解決空間因分割而變得狹隘的問題。

1F

02
將二樓樓板延伸到原來的挑高區域，藉此增加二樓可使用空間。

2F

03
藉由樓梯位置調整，二樓臥房房門微調更動，減少產生走道等閒置空間。

　　屋主一開始就知道房子格局不佳需再做調整，但愛狗的夫妻倆，為了讓家中的毛小孩就算是生活在公寓裡，也能有足夠的空間可以跑跑跳跳，還是決定買下這棟附加大露台的公寓，至於原始格局問題，兩人則交由構設計來進行規劃與解決。

　　只有12坪大小，房子中央卻橫跨了一座樓梯，將原本就不算大的空間做了切割，變得難以使用、規劃，而且巨大的樓梯量體，更造成空間沉重的壓迫感；於是設計師大刀闊斧將通往二樓的樓梯，從中央移至靠牆處，藉此保留空間的完整，視線也因此沒有了阻礙，可從入口處一直延伸至落地窗外的露台，淡化長形基地的窄小，創造出更為開闊、寬敞的空間感。

　　過去一樓部分空間刻意採挑高設計，卻間接限制了二樓可使用空間，考量原來屋高約為6米，不做挑高並不影響一樓屋高與空間感，所以取消挑高設計，將二樓樓板擴增至原來挑高區域，擴大可使用空間；另外，藉由樓梯位置的改變，臥房入口略做微調，以便減少走道等閒置空間，動線上也更為順暢合理。

　　格局經過適當調整後，接著利用大量白色製造放大效果，但過多白容易陷入單調，缺少居家溫馨感，此時搭配具溫潤質感的木素材，刻意選擇帶灰的木色調，避免在白色空間裡過於突兀，又能展現木素材沉穩特質，讓原本缺少溫度的空間，立刻散發出令人放鬆、舒適的氛圍。

Ⓐ 收納計畫

頂天高櫃整合玄關收納

原本毫無任何機能的玄關,先以相異地坪材質確立內
外分界,再以色彩與地磚拼貼,創造入門活潑印象,
位於樑柱內凹的畸零地,順勢規劃頂天大型櫃體,滿
足玄關收納需求,更有拉齊牆面線條,帶來視覺俐落
效果。

Ⓑ 材質應用

輕薄材質製造輕盈感

雖然已經移位，但對只有十幾坪的小空間樓梯仍會帶來壓迫感，因此設計師從材質下手，以鐵件重新打造階梯，不只借重鐵件輕薄且絕佳承重力特性，立面更以鏤空線條設計，有效降低巨大量體帶來的沉重感，營造出輕巧的視覺效果。

Ⓒ 格局規劃

調整樓梯位置，保留空間完整

把橫跨在中央，將空間一分為二的樓梯移位，讓空間變得方正完整後，進一步以開放式格局做規劃，讓空間機能與家具，替客廳、餐廳和廚房做出隱形分界，解決實牆隔間影響採光以及不可避免的狹隘感。

D 材質應用

以清透材質解決採光問題

對於只有單面採光的格局，樓梯靠牆安排難免因缺少採光而變得陰暗，因此除了在設計上以開放式的鏤空設計外，刻意在二樓牆面嵌上長條霧面玻璃，藉此引入來自臥房光線，打亮光線不足的昏暗梯間。

E 材質應用

借材質引光，讓光線自在遊走

為了替完全缺少採光的主臥增加明亮感，面向梯間的牆面以清玻取代實牆，不只可延伸視線營造空間寬闊效果，還可減少實牆帶來的封閉感，另外藉由光線折射原理，將光線導引進主臥加強採光，至於隱私問題則利用捲簾做靈活調度。

F 收納計畫

善用畸零地，為主臥增添實用機能

二樓樓板往原來挑高位置延伸，藉此擴大了主臥空
間，至於因樑柱產生的畸零地，順勢規劃成走入式
更衣室，有效運用空間，幫主臥增加收納功能。

G 格局規劃

空間擴大重整格局

由於二樓空間擴展，臥房空間藉此擴大，原來難以
適當規劃、安排的空間有了更多餘裕，除了擺放床
榻，也規劃出休憩、讀書區，並將鄰近的樑柱內凹
處，以層板打造成收納架，增添收納功能，更藉此
減少曲折線條，讓空間線落看起來更為簡潔、俐落。

十一日晴空間設計

以自身美感經驗讓屋主們體驗更好美好的居家生活，認為預算並非一切，而是強調站在屋主的角度思考，同時著重空間的光影流動、舒適尺度且合理的生活動線，提供屋主一種純粹、單純，屬於家的自然感，非關任何風格。

Mail　TheNoveDesign@gmail.com
網址　www.thenovdesign.com
頁面　p102、p156

實適空間設計

以了解屋主「生活型態」、「生活方式」及「未來需求」等，作為空間規劃之依據，並依不同預算提出最適宜的裝修建議與方式，以及美感與實用兼具的設計規劃，同時期盼分享「美好生活空間的認識與渴望」，偕同使用者打造能自在於其中享受生活步調的空間。

電話　0958-142-839
Mail　sinsp.design@gmail.com
網址　www.facebook.com/sinsp.design/
頁面　p108、p138

日作空間設計

「日出而作 ，日落而息」，將簡單卻基本的哲學融入設計，希望經手的每處居所，藉由光的穿透、風的流動滋養生活其中的人。擅長解決原動線不佳的空間，作品風格乾淨、強調自然感，動線保有留白餘韻，但在機能配置上講究實用貼心。期盼花日子打造出來的空間，可用日子來細細品味。

電話　03-2841-606
Mail　rezowork@gmail.com
網址　www.rezo.com.tw
頁面　p114

甘納空間設計

以空間改造有無限可能為宗旨，為空間創造出未來 be going to 的美好願景。「甘」為愉悅甜美，「納」則取其容納之意，代表著甘納以謙卑態度面對空間與人之間的關係，進而設計出舒適美觀與實用兼具的空間。

電話　02-2775-2737
Mail　info@ganna-design.com
網址　ganna-design.com
頁面　p120

構設計

『家』是成長、思考、放鬆、休息的地方，可以很有趣、有個性、也可以很溫暖。『家』不是設計師的作品，卻是你最好的品牌。設計不只是對於空間美學的要求，可以將玩設計的心帶入生活中更是我們一直以來的理念。

電話　02-8913-7522
Mail　madegodesign@gmail.com
網址　www.facebook.com/madegodesign
頁面　p126、p180

爾聲空間設計

由兩位旅澳歸國的建築師成立，兩位設計師在紐澳兩地擁有超過十年大型建築設計經驗，擅長從建築角度思考空間，將國外設計手法融入台灣居住環境。設計理念源自於對陽光、自然、簡約的熱愛，作品當除了致力於客制屬於不同業主的居住空間，同時也具備國際視野。

電話　02-2358-2115
Mail　info@archlin.com
網址　www.facebook.com/archlinstudio/
頁面　p132、p162

謐空間研究室

建築與空間是乘載人們生活的容器，從中探討人們使用空間的多元可能性，結合質樸的美感概念及自然的材質搭配，轉化出舒適而實用的生活空間。研究、尋找有趣的空間組合及使用方式一直是謐空間設計研究室的核心價值，與使用者在討論過程中，探討生活中不同想像的可能。

電話　02-2753-5889
Mail　stanley@qualia-creative.com.tw
網址　mii-studio.com
頁面　p144、p168

思謬空間設計

設計師呂秋翰、廖瑜汝在面對每個案例時，皆會仔細剖析屋主需求間的同質與差異。擅長利用動線解決需求，而非片面使用形式與造型凸顯風格。作品基底線條俐落，但在材質、色彩與家具運用上不拘泥固定思維或手法，藉由發想過程中不斷的反思，挖掘空間潛藏可能性，進而成就出獨一無二的專屬美感。

電話　02-2785-8260
Mail　ch28.interior@gmail.com
網址　ch-interior.format.com
頁面　p150

慕森設計

依循每個業主不同的個性品味，賦予空間專屬的動人故事，設計方向不只是空間風格定位、動線規劃，運用創新突破的思維跳脫傳統框架的設計格局，同時將藝術美學揉入生活，兼具實用和空間美感。

電話　04-2376-1186
Mail　musen816@gmail.com
網址　musen.com.tw
頁面　p174

明代設計

由一群喜愛大自然的設計師所組成。善於傾聽屋主
想法，依照不同屋主生活形態，貼心規劃合理的動
線和格局，同時在居家設計中融入自然元素，透過
原有素材肌理表現細膩質感，創造迷人生活美學，
打造出紓壓放鬆的療癒空間。

電話　台北 02-2578-8730、桃園 03-426-2563
Mail　ming.day@msa.hinet.net
網址　www.ming-day.com.tw
頁面　p49、p62

法蘭德室內設計

我們常在思考，如何創造出內容豐富且多元性的空
間，讓居住者與房子產生感情，並感受到自己的獨
特性。我們追求的目標不僅僅是品味的裝潢，更是
一個新的生活感受與情感交流。

電話　03-317-1288
Mail　amber3588@gmail.com
網址　www.facebook.com/friend.interior.design
頁面　p21

小宅空間規劃術

9坪－25坪，風格、機能一次到位的小宅裝修

2017 年 9 月 10 日　初版　第一刷發行
2020 年 11 月 01 日　初版　第二刷發行

編　　　著	東販編輯部
編　　　輯	王玉瑤
採 訪 編 輯	Cline、Eva、王玉瑤、黃珮瑜、陳佳歆
封 面 設 計	蔡東宏・許琇鈞
特 約 美 編	葉馥儀、蘇韵涵
發 行 人	南部裕
發 行 所	台灣東販股份有限公司
	地址　台北市南京東路4段130號2F-1
	電話　(02)2577-8878
	傳真　(02)2577-8896
	網址　http://www.tohan.com.tw
郵 撥 帳 號	1405049-4
法 律 顧 問	蕭雄淋律師
總 經 銷	聯合發行股份有限公司
	電話　(02)2917-8022

國家圖書館出版品預行編目（CIP）資料

小宅空間規劃術：9-25 坪，風格、機能一次到位的
小宅裝修／東販編輯部作. -- 初版. -- 臺北市：臺灣東
販，2017.09
　192 面；18×24 公分
　ISBN 978-986-475-452-6（平裝）

　1. 房屋建築　2. 家庭佈置　3. 空間設計

441.58　　　　　　　　　　　　　　　106013500